カーボンナノチューブの研究開発と応用

Research, Development, and Applications of Carbon Nanotubes

監修：川崎晋司
Supervisor：Shinji KAWASAKI

シーエムシー出版

巻頭言

「カーボンナノチューブは夢と希望にあふれた材料だ」と書くと，陳腐な表現に思われるかもしれません。多くの物質に同様の表現が使われてきたからです。しかし，多くの場合，一つか二つの夢が語られ研究が時には爆発的に進むことがあっても，やがて熱狂は静まっていきます。

カーボンナノチューブの発見は1991年ですからすでに30年以上が経過していますが，夢や希望に突き動かされたものがいまだに熱狂の中で研究を続けています。この間，同じ夢が語られ続けたわけでも，同じ人々が語り続けたわけでもありません。たくさんの新しい夢が誕生し，新しく夢を追いかける人が誕生し，夢や希望が進化し続けているのがカーボンナノチューブです。

発見当初はナノチューブを手にできる人は限られていたこともあって，理論計算の研究が先行する形でナノチューブ研究が進みました。多くの材料研究では実験的に興味深い現象が見つかって，その原因を調べるために理論計算が行われてきたのとはとても対照的です。この理論研究により多くの夢が見つかりました。ナノチューブはグラフェンシートをどう巻き上げるかで金属にも半導体にもなりうるということも当初は俄かには信じがたいという方も多かったと思います。合成技術が進んで，多くの実験科学者が研究に参画するようになると次々と理論予測が実験的に確かめられていきました。

一方で破れた夢やいまだに成し遂げられない夢もたくさんあります。金属と半導体のナノチューブが存在することは実験的に確かめられたものの未だにその選択合成は確立したとは言えません。また，当初応用先として期待されたリチウムイオン電池の負極やキャパシタ電極にナノチューブを使うという夢を今も語っている研究者はおそらくいないでしょう。

しかし，最初に述べたようにナノチューブの夢は進化し続けています。金属と半導体の選択合成は難しいけれど，金属と半導体のナノチューブを分離する技術は近年急速に進歩し単一カイラリティのものが取れるほどになっています。これまでさまざまなカイラリティのチューブが混合していたものが，純粋なものに変わるのです。まさに，ゲームチェンジが起ころうとしています。また，ナノチューブは電池の活物質としてはそのままでは使いにくいことがわかりました。しかし，活物質をサポートする導電助剤としては，理想的な物理・化学特性を持っているため，現在，世界中の電池メーカーがその開発を急いでいます。

本書はその魅力あふれるカーボンナノチューブの合成・評価・応用について，学術・産業界の著名な研究者の方に最新の研究・開発状況を解説していただきました。現時点の研究・開発動向を理解し，今後の展開を考えるために，本書は必読の一冊です。ぜひ手に取っていただければ幸いです。

2025年2月

名古屋工業大学

川崎晋司

執筆者一覧 （執筆順）

川 崎 晋 司　名古屋工業大学　大学院工学研究科
工学専攻カーボンニュートラルプログラム　教授

丸 山 隆 浩　名城大学　理工学部　応用化学科；ナノマテリアル研究センター
教授

小 林 慶 裕　大阪大学　大学院工学研究科　物理学系専攻　応用物理学コース
教授

古 田 　 寛　高知工科大学　システム工学群　総合研究所　教授

小 廣 和 哉　高知工科大学　理工学群　総合研究所　教授

佐 藤 英 樹　三重大学　大学院工学研究科　電気電子工学専攻　教授

生 野 　 孝　東京理科大学　先進工学部　電子システム工学科　准教授

吉 田 和 紘　京都工芸繊維大学　大学院工芸科学研究科　物質・材料化学専攻

野々口 斐 之　京都工芸繊維大学　材料化学系　准教授

小 橋 和 文　(国研)産業技術総合研究所　ナノカーボンデバイス研究センター
研究チーム長

西 野 雄 大　大阪ガスケミカル㈱　フロンティアマテリアル研究所
次世代材料研究部　アドバンストポリマーチーム　マネジャー

鬼 塚 麻 季　ニッタ㈱　テクニカルセンター　課長代理

小 向 拓 治　ニッタ㈱　テクニカルセンター　部長

河 﨑 佳 保　神戸大学　大学院工学研究科　応用化学専攻　博士課程前期課程

堀 家 匠 平　神戸大学　大学院工学研究科　応用化学専攻,
環境保全推進センター　准教授

田 中 　 朋　日本電気㈱　セキュアシステムプラットフォーム研究所
主任研究員

佐 野 雅 彦	日本電気㈱　セキュアシステムプラットフォーム研究所
	プロフェッショナル
弓 削 亮 太	日本電気㈱　セキュアシステムプラットフォーム研究所
	主幹研究員
白 木 智 丈	九州大学　大学院工学研究院応用化学部門（分子）／
	カーボンニュートラル・エネルギー国際研究所（I2CNER）　准教授
松 田 貴 文	富士化学㈱　営業開発部　技術グループ
石 﨑 　 学	山形大学　学術研究院（理学部主担当）　化学分野　准教授
栗 原 正 人	山形大学　学術研究院（理学部主担当）　化学分野　教授
石 井 陽 祐	名古屋工業大学　大学院工学研究科
	工学専攻カーボンニュートラルプログラム　准教授
中 村 雅 一	奈良先端科学技術大学院大学　先端科学技術研究科
	物質創成科学領域　教授
磯 貝 和 生	東レ㈱　先端材料研究所　研究員
大久保 貴 広	岡山大学　学術研究院　環境生命自然科学学域（理）　教授
大 矢 剛 嗣	横浜国立大学　大学院工学研究院；総合学術高等研究院
	半導体・量子集積エレクトロニクス研究センター　准教授
中 田 遼 真	埼玉大学　大学院理工学研究科
藤 森 厚 裕	埼玉大学　大学院理工学研究科　准教授
清 水 大 介	楠本化成㈱　CNT 事業本部　課長

目　　次

第1章　カーボンナノチューブの作製／成長

1　種々のカーボンナノチューブ合成法の
　　特徴と課題 ……………… **丸山隆浩** … 1
　1.1　概論 ………………………………… 1
　1.2　アーク放電法（Arc discharge）…… 2
　1.3　レーザ蒸発法（Laser ablation）…… 3
　1.4　化学気相成長（CVD）法 ………… 4
　1.5　液相合成法 ………………………… 6
　1.6　SiC 表面分解法 …………………… 7
　1.7　SWCNT の合成手法の比較と課題
　　　……………………………………… 7

2　非金属ナノ固体成長核からのカーボン
　　ナノチューブ合成 ……… **小林慶裕** … 10
　2.1　はじめに …………………………… 10
　2.2　ND 成長核からの単層 CNT 成長 … 11
　2.3　成長駆動力の制御による ND から
　　　の CNT 形成の高効率化 ………… 13
　2.4　高温成長プロセスによる ND から
　　　の低欠陥 CNT 形成 ……………… 16

3　カーボンナノチューブ構造体の作製と
　　その応用 …… **古田　寛, 小廣和哉** … 19
　3.1　はじめに …………………………… 19
　3.2　高密度垂直配向 CNT 構造体の合成
　　　……………………………………… 20
　3.3　CNT フォレストフィルムの光学特
　　　性 …………………………………… 21
　3.4　CNT フォレストパターン配線加工
　　　とメタマテリアル応用 …………… 23
　3.5　霜柱状 CNT フォレストの光学特性
　　　とフィッシュネット型メタマテリア

　　　ル ……………………………………… 24
　3.6　ポリスチレンナノビーズリソグラ
　　　フィーを利用したフィッシュネット
　　　型 CNT フォレストメタマテリアル
　　　の大面積合成 ……………………… 25
　3.7　ヘアライク CNT-MARIMO 結合体
　　　の合成と光学特性 ………………… 27
　3.8　まとめ ……………………………… 29

4　気体放電を利用したカーボンナノ
　　チューブフィラメントの作製
　　………………………… **佐藤英樹** … 32
　4.1　はじめに …………………………… 32
　4.2　CNT で表面が覆われた電極を用い
　　　た気体放電 ………………………… 32
　4.3　気体放電により誘起される CNT
　　　フィラメント形成現象 …………… 33
　4.4　ワイヤ電極を利用した CNT フィラ
　　　メント形成量の増加 ……………… 35
　4.5　CNT フィラメントによる撚糸形成
　　　……………………………………… 37
　4.6　気体放電により生成した CNT フィ
　　　ラメントの応用 …………………… 39

5　プラスチックからカーボンナノチュー
　　ブへの変換技術 ………… **生野　孝** … 40
　5.1　はじめに …………………………… 40
　5.2　変換方法 …………………………… 42
　5.3　結果と考察 ………………………… 43
　5.4　まとめ ……………………………… 46

第 2 章　分離・分散と複合材料

1　糖鎖化学を利用したカーボンナノチューブの分散・分離技術
　　………… 吉田和紘, 野々口斐之 … 49
　1.1　はじめに ……………………… 49
　1.2　カーボンナノチューブの分散について …………………………… 49
　1.3　カーボンナノチューブの構造選択的分散 ……………………… 52
　1.4　おわりに ……………………… 56
2　カーボンナノチューブの液中解繊と分散液の評価技術 ………… 小橋和文 … 58
　2.1　はじめに ……………………… 58
　2.2　CNT 複合セルロース繊維の研究開発の背景 ………………… 59
　2.3　CNT 複合セルロース繊維の原料および製造方法 …………… 59
　2.4　イオン液体分散液およびセルロース繊維に含まれる CNT バンドル構造体の評価 ………………… 60
　2.5　CNT 複合セルロース繊維の構造モデル ……………………… 64

　2.6　おわりに ……………………… 65
3　大阪ガスケミカルのカーボンナノチューブ造粒品およびコンパウンド
　　…………………………… 西野雄大 … 67
　3.1　はじめに ……………………… 67
　3.2　カーボンナノチューブの課題 … 67
　3.3　カーボンナノチューブ造粒品 … 68
　3.4　カーボンナノチューブコンパウンド ……………………………… 69
　3.5　さいごに ……………………… 72
4　複合材料における界面への CNT 適用
　　………… 鬼塚麻季, 小向拓治 … 73
　4.1　はじめに ……………………… 73
　4.2　高分子材料への CNT 複合化 … 73
　4.3　CFRP への CNT 複合化 ……… 74
　4.4　CNT 分散液と CF へのコーティング ………………………… 74
　4.5　Namd^{TM} の特性とスポーツ用品 … 75
　4.6　Namd^{TM}-CFRP の構造と物性 …… 77
　4.7　産業分野向け材料としての適用 … 79

第 3 章　機能と応用

1　錯体化学の概念を駆使したカーボンナノチューブの p 型ドーピング
　　………… 河﨑佳保, 堀家匠平 … 81
　1.1　はじめに ……………………… 81
　1.2　p 型 CNT における錯体化学 …… 81
　1.3　プロトン酸ドーピングによる安定化メカニズム解明 …………… 83
　1.4　イオン交換によるドープ状態安定化技術の開発 ……………… 87

　1.5　おわりに ……………………… 88
2　プラスチックフィルムへのナノチューブ配線技術 …………… 生野　孝 … 90
　2.1　はじめに ……………………… 90
　2.2　配線プロセスおよび分析方法 … 91
　2.3　結果と考察 …………………… 92
　2.4　まとめ ………………………… 97
3　カーボンナノチューブを活用した赤外線センサ

… **田中　朋, 佐野雅彦, 弓削亮太** … 98
3.1　はじめに … 98
3.2　単層 CNT の金属・半導体分離技術
　　 … 99
3.3　CNT ネットワーク膜の電気特性・
　　 TCR 評価 … 101
3.4　CNT 赤外線イメージセンサ素子作
　　 製 … 103
3.5　CNT 赤外線イメージセンサ素子の
　　 性能評価 … 105
3.6　おわりに … 107

4　カーボンナノチューブの化学修飾によ
　　るカラーセンター形成と新たな近赤外
　　発光特性の発現 ……… **白木智丈** … 110
4.1　単層カーボンナノチューブと近赤外
　　 発光機能 … 110
4.2　SWCNT の発光機能向上を実現す
　　 る化学修飾によるカラーセンター形
　　 成 … 111
4.3　lf-SWCNT のカラーセンターを合
　　 成するための局所化学修飾技術 … 112
4.4　lf-SWCNT カラーセンターの発光
　　 波長域の変調・拡張技術 … 113
4.5　lf-SWCNT カラーセンターの先端
　　 光技術への応用 … 117
4.6　おわりに … 118

5　カーボンナノチューブ（CNT）の分散
　　技術開発とフレキシブル電極への応用
　　 ……… **松田貴文** … 120
5.1　はじめに … 120
5.2　CNT 分散技術の開発 … 120
5.3　CNT 導電膜の特性 … 122
5.4　CNT 電極のフレキシブルデバイス
　　 への応用 … 124
5.5　おわりに … 124

6　プルシアンブルー類似体ナノ粒子と単
　　層カーボンナノチューブを用いた新し
　　い正極構造の構築
　　 ……… **石﨑　学, 栗原正人** … 126
6.1　はじめに … 126
6.2　イオン二次電池開発の課題 … 127
6.3　プルシアンブルーおよびその類似体
　　 について … 128
6.4　革新的ナノ均一構造電極による亜鉛
　　 イオン二次電池設計指針 … 129
6.5　亜鉛プルシアンブルー（ZnPBA）
　　 ナノ粒子を用いた電極作製法につい
　　 て … 130
6.6　RSW 電極（ZnPBA–CNT）を用
　　 いた充放電特性について … 130
6.7　まとめ … 132

7　単層カーボンナノチューブのヨウ素内
　　包を利用した二次電池, 太陽光水素生
　　成 ……… **石井陽祐, 川崎晋司** … 134
7.1　はじめに … 134
7.2　分子内包 SWCNT 電極の利点 … 135
7.3　ヨウ素内包 SWCNT 電極 … 136
7.4　ヨウ素内包を利用する太陽光水素生
　　 成 … 138
7.5　おわりに … 140

8　分子接合によるカーボンナノチューブ
　　紡績糸の低熱伝導率化と布状熱電変換
　　素子 ……… **中村雅一** … 142
8.1　はじめに … 142
8.2　熱電材料および素子に要求される性
　　 能 … 142
8.3　低熱伝導率化のための材料設計 … 143
8.4　布状熱電変換素子のための素子設計
　　 … 143
8.5　材料設計と素子設計の融合 … 146

8.6　おわりに ……………………… 149

9　半導体カーボンナノチューブを用いた
　　塗布型半導体デバイスの開発
　　………………………… **磯貝和生** … 152

9.1　はじめに ………………………… 152

9.2　高移動度半導体 CNT 複合体 …… 152

9.3　機能素子（トランジスタ）の形成
　　…………………………………… 153

9.4　N 型トランジスタ ……………… 154

9.5　半導体デバイスの動作実証 …… 156

9.6　おわりに ………………………… 157

10　カーボンナノチューブとその細孔内に
　　制約された水溶液との界面に形成され
　　る強酸性吸着層 …… **大久保貴広** … 159

10.1　はじめに ……………………… 159

10.2　カーボンナノチューブに対するイ
　　　オンの吸着 …………………… 159

10.3　カーボンナノチューブの円筒状細
　　　孔内で自発的に形成されるポリヨ
　　　ウ化物イオン ………………… 160

10.4　カーボンナノチューブ細孔内で水
　　　が形成する強酸性吸着層の特徴と
　　　形成メカニズム ……………… 162

10.5　おわりに ……………………… 166

11　身近な材料とカーボンナノチューブを

組み合わせた複合材料とその応用展開
　　………………………… **大矢剛嗣** … 168

11.1　はじめに ……………………… 168

11.2　カーボンナノチューブ複合紙 … 169

11.3　カーボンナノチューブ複合糸 … 173

11.4　おわりに ……………………… 175

12　有機修飾単層カーボンナノチューブ界
　　面膜に対するバイオ分子の吸着固定化
　　とその活性維持
　　………… **中田遼真，藤森厚裕** … 177

12.1　序論 …………………………… 177

12.2　試料と実験方法 ……………… 178

12.3　結果と考察 …………………… 182

12.4　総括的結論 …………………… 188

13　TUBALL^{TM}単層カーボンナノチュー
　　ブの特徴と活用 ……… **清水大介** … 192

13.1　はじめに ……………………… 192

13.2　カーボンナノチューブ ……… 192

13.3　単層カーボンナノチューブ
　　　TUBALL^{TM} ………………… 192

13.4　単層カーボンナノチューブ分散体
　　　Lamfil® ………………………… 194

13.5　単層カーボンナノチューブ
　　　TUBALL^{TM}の応用例 ………… 195

13.6　おわりに ……………………… 199

第1章　カーボンナノチューブの作製／成長

1　種々のカーボンナノチューブ合成法の特徴と課題

丸山隆浩*

1.1　概論

　カーボンナノチューブ（Carbon Nanotube：CNT）の合成法は，フラーレン（図1）の合成法を改良したものと，カーボンファイバー（炭素繊維）の合成法の流れをくむものの主に2つに分かれる。アーク放電法とレーザ蒸発法は前者であり，化学気相成長（CVD）法は後者にあたる。最初に発見されたCNTはアーク放電法により合成されたものであるが，現在はCVD法が主流となっている。その他，レーザ蒸発法や，数は少ないが液相法やSiC表面分解法によるCNTの合成も報告されている。多くは単層カーボンナノチューブ（Single-walled carbon nanotube：SWCNT）と多層カーボンナノチューブ（Multi-walled carbon nanotube：MWCNT）（図1）のどちらも合成が可能であるが，SiC表面分解法ではMWCNTしか得られない。また，レーザ蒸発法は基本的にはSWCNTの合成手法である。以下で各合成法を紹介したのち，最後にそれぞれの利点と課題について述べる。なお，MWCNTの場合，カーボンファイバーとの区別が曖昧であるが，ここではおおむね直径が100 nm以下（主に数 nm～数十 nm）のものをMWCNTと

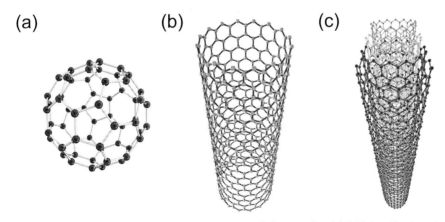

図1　(a)フラーレン（C_{60}），(b)単層カーボンナノチューブ（SWCNT），(c)多層カーボンナノチューブ（MWCNT）の模式図

＊　Takahiro MARUYAMA　名城大学　理工学部　応用化学科；
　　　　　　　　　　　　ナノマテリアル研究センター　教授

して扱うことにする。

1.2 アーク放電法（Arc discharge）

1991年に飯島により最初に発見されたMWCNTはアーク放電法により合成されたものである[1]。当時，1985年に発見されたフラーレン（図1）が新たに登場したナノカーボン材料として注目されており，アーク放電法によるフラーレン合成が盛んに行われていた。不活性ガス中で，直流（DC）モードでアーク放電を行うと，陽極側のグラファイト電極が蒸発し反応管の内壁に煤となって付着する。同時に陰極先端にも堆積物が付着するが，多くの研究者は，内壁に堆積した煤の中に含まれるフラーレンに注目していた。飯島は，陰極側の堆積物を透過電子顕微鏡（TEM）を用いて詳細な観察を行い，MWCNTを発見した。その後，1993年にSWCNTが，飯島[2]とIBMのBetheneら[3]から独立に発見されたが，これらもアーク放電法により合成されたものである。両グループは鉄族元素（飯島はFe，IBMのグループはCo）を含んだ炭素棒を用いてアーク放電を行っており，SWCNTの生成には金属触媒が必要であることがわかる。

アーク放電法によるMWCNT生成の原理は，以下のとおりである（図2）[4,5]。直流アーク放電法の場合，減圧された不活性ガス雰囲気下で棒状のグラファイト電極（黒鉛棒）間に数十ボルト程度の電圧を数十秒間印加し，炭素棒の電極間にホットプラズマを発生させる。その際，プラズマもしくは陰極から放出された電子が陽極表面をスパッタリングし，気相の炭素イオン（C^+）が生成する。この炭素イオンが凝集し，陰極表面に堆積する過程で冷却されMWCNTと炭素クラスターが生成する。電圧を交流で印加する交流（AC）アーク放電法やパルス式に印加するパルスアーク放電法も行われている。アーク放電法によるCNT合成は，HeやArなど不活性ガス中で放電を行うことが多いが水素雰囲気下でも行われており，この場合，数十μm程度の長いMWCNTが生成し炭素微粒子などの不純物が少なくなることが報告されている[6]。

アーク放電法によりSWCNT合成を行う場合は，原子組成比で数%程度の金属粉末を混合し

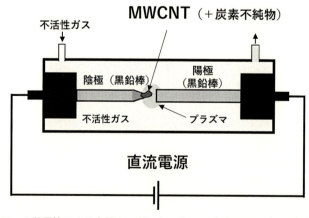

図2　アーク放電法による多層カーボンナノチューブ（MWCNT）の合成用装置

第1章 カーボンナノチューブの作製／成長

た黒鉛棒を電極に用いる。この電極を用いてアーク放電を行うと，炭素電極に含まれた金属が炭素イオンとともに蒸発する。金属イオンは陰極表面ではなく反応管内部の壁面で凝集し，金属微粒子が形成されるが，その過程で金属微粒子から SWCNT が生成する。陰極表面ではなく反応管の内壁に生成するところが MWCNT と異なる。触媒となる金属には CVD 法と同様，炭素と適度に反応する Fe, Co, Ni などの鉄族元素がよく用いられ，これに Y や Mo, W を混合することもよく行われる。

　アーク放電法では1回の放電で数十 mg 程度の CNT が生成する。また，MWCNT の場合，直径が 50 nm 程度以下，SWCNT の場合は直径が 1.5 nm 程度以下のものが得られる[4,5]。ただし，炭素不純物も同時に生成するため純度は高くなく，CNT を利用するには炭素不純物や金属触媒を除去するための精製分離の工程が必要となる。不純物が多く含まれるものの，CVD 法に比べると MWCNT, SWCNT とも結晶性がよいものが得られる。

1.3 レーザ蒸発法 (Laser ablation)

　レーザ蒸発法もフラーレンの合成法としてよく用いられていたが，CNT の合成に使われるようになったのは 1995 年の Smalley のグループの報告からである[7]。レーザ蒸発法では，反応管の中心付近に Ni や Co などの金属触媒を数％程度含んだ黒鉛ターゲット（黒鉛棒もしくは黒鉛ペレット）を置いたのち，反応管内に Ar などの不活性ガスを流し全体を 1000～1200℃ に加熱する。この状態で黒鉛ターゲットにパルスレーザを照射し，炭素と金属触媒を蒸発させる（図3）。蒸発した炭素蒸気は暖められた不活性ガス中で穏やかに冷却され，下流の水冷トラップや反応管の壁面に付着する。この過程で炭素蒸気と金属クラスターが反応し，SWCNT が形成される。強力なレーザパワーが必要となるため，Nd : YAG レーザ（532 nm）や炭酸ガスレーザがよく用いられる。おおむね直径 1.2 nm 程度の SWCNT が生成し，アーク放電法に比べて SWCNT の直径は細く，直径分布が狭いものが得られる[5]。また，アーク放電法に比べるとアモルファスカーボンなどの炭素不純物は少ない。精製分離後の SWCNT のラマンスペクトルには

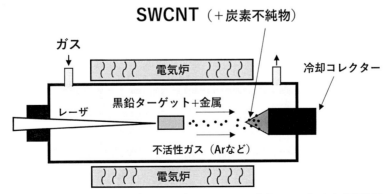

図3　レーザ蒸発法による単層カーボンナノチューブ（SWCNT）の合成用装置

欠陥に由来するDバンドピークがほとんどみられず，高い結晶性をもつ．ただし，1度の実験で合成できるSWCNTの量が少ない上，レーザ装置が高価であり，装置のスケールアップが難しいため，大量合成には不向きである．

1.4 化学気相成長（CVD）法

化学気相成長（CVD：Chemical Vapor Deposition）法は，気相の有機分子を触媒粒子上で熱分解することでCNTを生成させる合成法である[8]。CVD法によるグラフェン合成では薄膜状の金属触媒が用いられるのに対し，CNTの場合は金属微粒子を触媒として用いる。触媒粒子の大きさにより，一つの触媒粒子から複数のCNTが生成する場合（ウニ型成長）と，一つの触媒粒子から一本のCNTが成長する場合（ヤムルカ型成長）が観察されている（図4）。特に，粒径が1～3nm程度まで小さくなると，おおむねヤムルカ型成長となり，SWCNTが生成する[9]。触媒には，鉄族元素（特にFe）がよく用いられるが，白金族元素や他の遷移金属からもMWCNTやSWCNTの生成が報告されている。しかし，コストの面からはFeが圧倒的に有利である。原料ガスには，CO，炭化水素（CH_4，C_2H_2，C_2H_4など），およびアルコール（C_2H_5OH）の蒸気がよく用いられる。

CVD法では触媒粒子と原料ガスの反応によりCNTの成長が進行するが，その際，触媒粒子を基板などに担持させる"触媒担持法"と，気相状態の触媒金属を供給する"気相流動法（流動触媒法）"の大きく2種類に分類される。触媒担持法では，主に粉末状の酸化物，もしくはSi基板などの表面に形成した酸化物層表面に触媒粒子を担持する。触媒担持に用いる酸化物には高温かつ原料ガス雰囲気下で安定であることが求められるため，アモルファス状のアルミナ（Al_2O_3）やシリカ（SiO_2）がよく用いられる。特に鉄族元素の金属触媒はアルミナに担持することでCNTの生成量が大幅に増加することが知られている。合成装置の観点からは，触媒担持法では反応管全体を高温に保つホットウォールCVD法と，反応室（チェンバー）を室温程度に保ちつつ，触媒が担持された付近のみを高温に加熱するコールドウォールCVD法に分類される（図5）。さらに，原料ガスの供給方法として，原料ガスをそのままの状態で触媒に照射する熱CVD

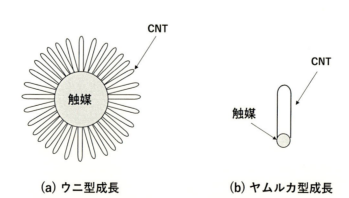

図4　触媒粒子からのCNT成長：(a)ウニ型成長と(b)ヤムルカ型成長

第1章　カーボンナノチューブの作製／成長

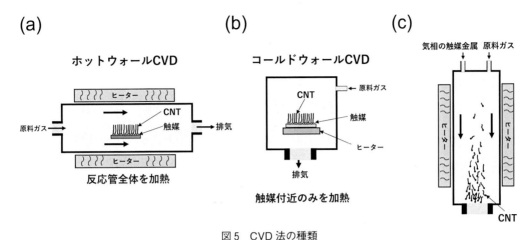

図5　CVD 法の種類
(a)触媒担持法（ホットウォール CVD 型），(b)触媒担持法（コールドウォール CVD 型），(c)気相流動法（流動触媒法）

法と，原料ガス分子をプラズマで励起するプラズマ CVD 法がある。プラズマ CVD 法では，原料ガス分子が電離・解離した状態で触媒と反応するため，合成温度を低くすることができる。また，報告例は少ないが，2000℃以上に加熱したタングステンや炭素フィラメントに原料ガスを曝すことで，熱的に励起した原料ガスを用いて CNT を合成するホットフィラメント法も行われている。

一方，気相流動法は，触媒と炭素原料の両者を気相状態で反応管内に供給し，反応させて CNT を生成する合成手法である。生成した CNT をそのまま流動させて反応管の外に排出し回収できるため，触媒担持法では必須となる，CNT を基板から剥離するプロセスが不要となる。この結果，製造プロセスの連続化が容易となり，大量生産に適した手法といえる。また，触媒粒子の担持体が存在しないため，成長温度を高くすることができ，1000℃以上で合成を行うことも可能である。そのため，触媒担持法に比べて，気相流動法のほうが結晶性のよい CNT を得やすく，ラマンスペクトルの G/D 比が 100 を超える高い結晶性をもつ SWCNT の合成も報告されている[10]。

アーク放電法やレーザ蒸発法では黒鉛電極や黒鉛ターゲットが数千℃という高温になるのに対し，CVD 法では 1000℃以下で CNT 合成が可能であり，低温合成に適した手法である。熱 CVD 法により SWCNT を 400℃以下で合成した報告や[11]，プラズマ CVD 法で 120℃での垂直配向 MWCNT 合成の報告がある[12]。また，直径制御やカイラリティの制御についても CVD 法が適しており，触媒担持法により，(6, 5)[13] や (12, 6)[14] のカイラリティの SWCNT が 90％以上の高い収率で得られたという報告がある。

1.5 液相合成法

CNT の合成手法の多くは真空装置を必要とするため,初期費用や合成のためのコストが高くなりがちである。これに対し,大気圧下で液体中での反応により CNT の合成ができれば,原料ガス圧力の調整などが不要となり,安価な装置で合成が可能となる。ただし,原料の供給量の制御が難しいため,CNT の結晶性や生成量の点ではアーク放電法や CVD 法に比べて劣る。液体中で CNT を合成する手法は,液体中でアーク放電を行う手法と液相の有機化合物中で触媒を加熱させる手法の2つがある。

液体中アーク放電による CNT 合成は,不活性ガス中でのアーク放電法から派生した手法で,水や有機溶媒中で炭素棒電極を用いてアーク放電を行い,液体中にプラズマを発生させ CNT を合成する[15]。通常の不活性ガス中でのアーク放電法と同様,Ni などの金属触媒をわずかに(1 at.%以下)含んだ炭素棒を電極に用いると SWCNT が生成する。

液体中での CNT 合成法として,液相の有機化合物中で触媒を加熱することで CNT を生成させる方法も報告されている[16](図6)。有機化合物にはエタノールやメタノール,エチレングリコールなどの有機溶媒が用いられ,これが CNT 生成の際の炭素源となる。Fe や Co 触媒を Si 基板上に堆積させ,Si 基板を通電加熱して反応させる方法や,ステンレスやインコネルの膜をそのまま液体中で通電加熱する手法が行われている。長さ数 μm 程度の垂直配向した MWCNT も得られており,触媒金属と有機化学物をうまく選べば,装置が簡便な割に生成量は比較的多いといえる。Co ナノ粒子の触媒とエタノールの組み合わせで,比較的良好な結晶性をもつ

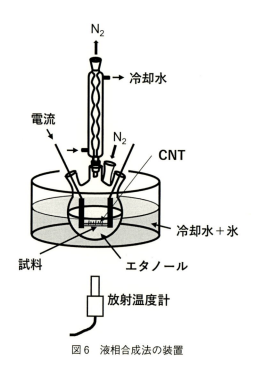

図6 液相合成法の装置

SWCNT も得られている[17]。

1.6 SiC 表面分解法

　SiC の単結晶を真空中で高温に加熱することで MWCNT が生成することが報告されている[18]。同様の手法がグラフェン作製に用いられていることはよく知られているが，SiC (0001) 面のカーボン面（($000\bar{1}$面)）のほうを真空中で時間をかけて 1200℃ 以上に昇温すると，Si が優先的に脱離し残った炭素が自己組織化的にチューブ状の構造を形成し，Si が抜けた部分に MWCNT が垂直配向して生成する（図 7）（SiC (0001) 面は極性をもつため，Si 面 (0001 面) とカーボン面 ($000\bar{1}$ 面) の 2 種類の結晶面が存在する。Si 面のほうを高温に加熱するとグラフェンが生成する）。この手法により生成する MWCNT はジグザグ型のカイラリティをもち，層数は 2〜5 程度，直径は 2〜5 nm 程度である。触媒が不要であること，また，MWCNT の密度が〜$3×10^{12}$ cm^{-1} と極めて高く，生成後の MWCNT が半導体結晶である SiC と直接結合を形成しており，半導体デバイスとの親和性が高いことが特徴である。ただし，生成する MWCNT の中には完全に円筒状になっていないものも存在し，結晶性はあまりよくない。また，SiC 単結晶が高価であり，合成コストが非常に高くなることが欠点である。

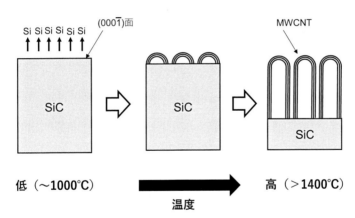

図 7　SiC 表面分解法による MWCNT の合成

1.7　SWCNT の合成手法の比較と課題

　表 1 に SWCNT の各合成法の比較を示す。SWCNT の結晶性の点ではアーク放電法とレーザ蒸発法が優れているが，今では CVD 法，特に気相流動法でも高い結晶性を有する SWCNT が得られている。一方，アーク放電法やレーザ蒸発法では生成物に炭素副生成物が含まれてしまうため，不純物を取り除くための精製分離処理が必須となる。これに対し，CVD 法では不純物の少ない高純度の SWCNT が得られるため，不純物を精製分離する工程を簡略化できる。さらに，アーク放電法やレーザ蒸発法の場合，基本的には炭素電極の放電や蒸発プロセスを利用している

カーボンナノチューブの研究開発と応用

表1 SWCNT の合成法の比較

	アーク放電法	レーザ蒸発法	CVD 法		液相合成法
			触媒担持法	気相流動法	
結晶性	◎	◎	○	◎	△
純度	△	△	◎	◎	○
大量合成	△	×	◎	◎	○
直径制御	×	×	◎	○	×
半導体型・カイラリティ制御	×	×	○	?	×
低温合成	×	×	◎	×	×

ため連続合成が困難であり，また，精製分離処理が必要となるため，大量合成には適していない。そのため，合成コストの低減の観点からは CVD 法のほうが有利である。特に，気相流動法は基板から SWCNT を剥離するプロセスが不要であるため，連続合成に適した手法である。ただし，特定のカイラリティをもつ SWCNT の合成には，今のところ，合金の触媒粒子を用いることが必須となっており，触媒の組成や粒径を制御しやすい触媒担持法のほうが適していると考えられる。また，CNT の低温合成についても，アーク放電法やレーザ蒸発法，気相流動法に比べて，触媒担持法が有利であると考えられる。実際に低温合成の報告はほとんどが触媒担持法によるものである。

文　　献

1) S. Iijima, *Nature*, **354**, 56 (1991)
2) S. Iijima and T. Ichihashi, *Nature*, **363**, 603 (1993)
3) D. S. Bethune *et al.*, *Nature*, **363**, 605 (1993)
4) N. Arora and N. N. Sharma, *Diamond Relat. Mater.*, **50**, 135 (2014)
5) R. Das *et al.*, *Nanoscale Res. Lett.*, **11**, 510 (2016)
6) Y. Ando and X. Zhao, *New Diam. Front C. Tec.*, **16**, 123 (2006)
7) T. Guo *et al.*, *Chem. Phys. Lett.*, **243**, 49 (1995)
8) T. Maruyama, *Mater. Express*, **8**, 1 (2018)
9) V. Jourdain and C. Bichara, *Carbon*, **58**, 2 (2013)
10) J. Chimborazo *et al.*, *Appl. Phys. Lett.*, **115**, 103102 (2019)
11) T. Maruyama *et al.*, *Carbon*, **116**, 128 (2017)
12) S. Hofmann *et al.*, *Appl. Phys. Lett.*, **83**, 135 (2003)

第1章　カーボンナノチューブの作製／成長

13)　S. Shina *et al.*, *ACS Nano*, **18**, 23979（2024）

14)　F. Yang *et al.*, *Nature*, **510**, 522（2014）

15)　Y. L. Hsin *et al.*, *Adv. Mater.*, **13**, 830（2001）

16)　Y. Zhang *et al.*, *Jpn. J. Appl. Phys.*, **41**, L408（2002）

17)　T. Maruyama *et al.*, *J. Nanopart. Res.*, **26**, 133（2024）

18)　M. Kusunoki *et al.*, *Appl. Phys. Lett.*, **87**, 103105（2005）

2 非金属ナノ固体成長核からのカーボンナノチューブ合成

小林慶裕[*]

2.1 はじめに

単層カーボンナノチューブ（単層 CNT，以下単層を省略）は，グラファイトの1層であるグラフェンシートを円筒状に丸めた構造の低次元ナノ材料であり，3次元バルク材料にはない優れた特性をもつ[1]。高品位の CNT は，極めて高いキャリア移動度や機械的特性，熱・電気伝導性を備え，ナノエレクトロニクスやそれを活かした光・バイオ・電気化学センサへの応用が期待されている[2,3]。CNT の電子物性は構成する C-C 結合のらせん状格子構造（カイラリティ）に強く依存するだけではなく，不純物や欠陥にも強く影響される。特に欠陥は CNT の電気・熱輸送特性や機械的な強度を著しく劣化させることが知られている。優れた基本特性を持つ CNT を実用材料とするには，所定の構造をもった CNT を大量に合成する構造制御技術に加え，高純度・低欠陥化するプロセス技術が求められる。これまでに，多くの研究の成果として，大量合成技術（super growth 法，e-DIPS 法，気相流動法など）[4~6]，構造制御成長や CVD 成長後の処理で CNT を精製し，構造分離（カイラリティ，半導体/金属）する技術（ゲルクロマトグラフィー法，密度勾配遠心分離法など）の研究[7]が進展している。その結果，特定構造をもつ CNT の大量合成が可能になりつつある。しかし，さらに高純度・低欠陥化を進めるには，遷移金属を触媒に用いた通常の化学気相成長（CVD）法とは異なるアプローチの成長法が望まれる。

遷移金属触媒を用いた通常の CVD 法では，CNT は図1(a)に示す Vapor-Liquid-Solid（VLS）成長機構で進行すると考えられている。成長する CNT の構造は，金属ナノ粒子表面から炭素が析出して形成される CNT 前駆体（キャップ構造）で決まる。CVD 成長温度では金属触媒粒子は流動的な状態となっている。その上に形成するキャップ構造がランダムとなるばかりでなく，欠陥低減が期待される高温プロセスでは凝集が進行して成長が不安定化する。CNT 高純度化には，触媒金属を合成後に除去する必要があるが，それによるコスト上昇，欠陥生成など CNT の品質低下，金属完全（0.1%以下）除去の困難さなどが課題として顕在化している。

このような背景のもとで，筆者らは非金属固体を成長核とした CNT 合成技術の開拓を進め，半導体ナノドット[8]やナノダイヤモンド（ND）[9]など金属以外の固体粒子からでも CNT 成長が可能[10]であることを示してきた。この場合の CNT 成長は，一般的な金属触媒での VLS 機構（図1(a)）ではなく，固体粒子表面での吸着・拡散過程による Vapor-Solid-Solid（VSS）機構（図1(b)）という別のスキームで進行する。非金属固体を成長核とした場合，遷移金属触媒とは異なり，金属不純物は全く含有されず，高温成長でも凝集せずに成長核としての機能が維持されると

---

* Yoshihiro KOBAYASHI　大阪大学　大学院工学研究科　物理学系専攻
  応用物理学コース　教授

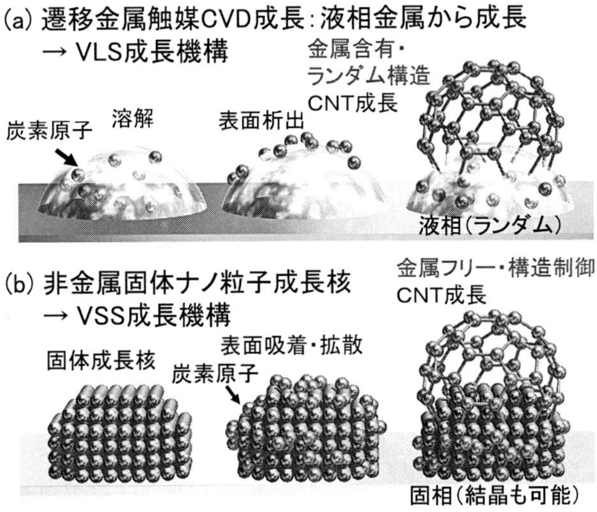

第1章　カーボンナノチューブの作製／成長

(a) 遷移金属触媒CVD成長：液相金属から成長
→ VLS成長機構

炭素原子　溶解　　表面析出　　金属含有・ランダム構造CNT成長

液相（ランダム）

(b) 非金属固体ナノ粒子成長核
→ VSS成長機構

金属フリー・構造制御CNT成長

固体成長核　　表面吸着・拡散
　　　　炭素原子

固相（結晶も可能）

図1　金属触媒（a）と結晶ナノ粒子（b）からのCNT成長

期待される。本稿では，非金属固体成長核としてNDを取り上げ，CNT成長の基本プロセス，成長可能条件を拡大するための成長駆動力制御，高温成長プロセスによる低欠陥CNT生成に関する研究内容を紹介する。

2.2　ND成長核からの単層CNT成長[9)]

　Si基板上にエピタキシャル成長したSiCナノ結晶やSiC基板上Ge，Siナノ結晶を成長核に用いた単層CNT成長の報告[8)]で示したように，CNTは成長条件で液相とならずに固相状態にある金属以外の材料からなる成長核からも生成可能である。このような固体ナノ粒子成長核からのCNT成長は，VSS成長機構（図1(b)）で進行することを提唱した。VSS機構では，吸着した炭素活性種が秩序周期構造を持つナノ粒子表面上を拡散し，ナノ粒子の曲率半径に従ってCNTキャップが形成する。半導体結晶成長でよく知られるエピタキシャル成長と類似の現象であり，液相から成長するVLS機構（図1(a)）と比べて人為的にCNT構造を制御する可能性を秘めている。固体成長核からの成長には①粒子径が5nm以下，②粒子表面の清浄性，③高温成長（アルコールの場合850℃以上）の3条件が要請される。非金属固体ナノ粒子は遷移金属触媒に比べて原料ガスの分解促進作用が低いため，"高温成長"条件，すなわち高温で原料ガスを自発的に熱分解し，生成した活性種を成長核表面に供給することが必要となる。また表面清浄化のために，大気中での加熱処理を行う。しかし，半導体ナノ粒子表面は酸化しやすく，この処理によりアモルファス状の酸化膜が形成されてしまうことが懸念される。また合成規模をスケーラブルに拡大することも困難である。

　そこで，爆轟法により大量に合成可能なND粒子[11)]を成長核材料としたCNT成長を検討した。ND粒子は，半導体ナノ粒子とは異なり，酸化雰囲気での加熱により生成酸化物が蒸発し，清浄

面が得られるため，CNT 成長の基点となる清浄なナノ成長核として最適である．ダイヤモンド中の炭素原子の拡散は Fe など触媒金属に比べて無視できる程度に小さい．したがって，ナノダイヤモンドからの CNT 成長では成長核中での炭素の拡散の寄与も小さいと考えられる．すなわち，CNT 成長はナノダイヤモンド表面での炭素成長種の拡散によって支配される．このような言わば vapor-solid surface-solid (VSSS) 機構は，広範に研究されているダイヤモンドのホモエピタキシャル成長と類似の現象である．ダイヤモンドの成長表面では，表面結合が水素によって終端されて sp^3 状態となっており，表面水素が炭化水素成長種と置換することにより成長は進行する．一方，CNT の成長条件では，原子状水素濃度が低いため，表面結合の終端が十分には行われずに sp^2 的な状態となっている．その結果，ナノダイヤモンド表面上に小さなドメインからなる島状のグラフェンシートが極めて微細な曲率半径をもつナノダイヤモンド上で形成する．それが CNT 核であるキャップ構造となって CNT 成長が進行すると考えられる．このように，ナノダイヤモンド上での CNT 成長は，炭素の溶解・析出過程を考慮する必要がある金属触媒と比較して，より単純な表面反応によって理解できる．

　成長した CNT の TEM 像とラマンスペクトルを図 2 に示す．TEM 像からチューブ状の構造

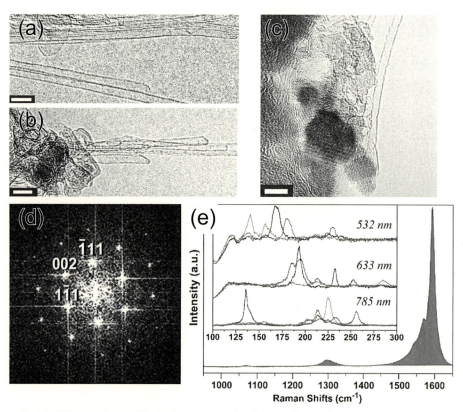

図 2 　(a)-(c) 成長 CNT の TEM 像（スケール：5 nm），(d) TEM 像から得られたフーリエ変換パターン（ダイヤモンド結晶格子からの回折スポットに対応），(e) G バンド及び RBM 領域のラマンスペクトル

第1章 カーボンナノチューブの作製／成長

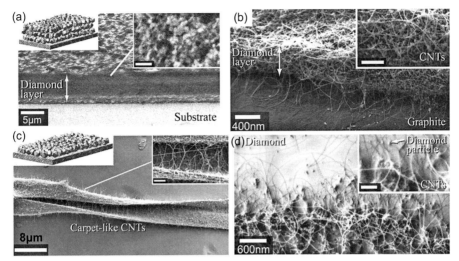

図3 ナノダイヤモンド粒子から成長したCNTのSEM像
(a)大気中・高温（850℃）で処理後のナノダイヤモンド粒子，(b)グラファイト上に積層したナノダイヤモンドからのCNT成長，(c)カーペット状に高密度成長したCNT，(d)ダイヤモンド基板上ナノダイヤモンドから成長したCNT

体がND粒子から形成していることがわかる。先端のキャップ部分が，金属触媒から成長した場合の半球状とは異なり，角張った形状が特徴的であり，核形成時のダイヤモンド粒子形状の反映と考えられる。また明瞭なRBM信号が観測されていること，EDXによる元素分析で触媒となる金属が検出感度以下であることから，ナノダイヤモンド核から単層CNTが成長したことが示された。図3のSEM像は，NDを成長核とした場合の利点の一つを示している。すなわち，金属粒子を触媒とした通常のCNT成長では，粒子を高密度とすると凝集して活性を失うという問題がある。一方，ND粒子では，CNT成長温度で凝集体を形成しても融合せず，数nmサイズを個々に保つ。そのため，成長核としての活性を失わずに高密度での成長が可能となっている。もちろん，基板上に孤立分散したND粒子からもCNTは生成可能である。

2.3 成長駆動力の制御によるNDからのCNT形成の高効率化[12,13]

VSSS機構で進行するNDからのCNT成長では，成長可能なプロセス条件の範囲が極めて狭くなるため，CNT形成効率を高めて，収率を向上させる工夫が必要となる。成長効率が抑制されている原因には，ND成長核による原料ガスの分解反応促進作用の欠如や，成長核に存在しうる炭素量が極めて少なく原料供給のバッファとしての作用が限定的であることに加えて，成長初期段階と定常成長段階でCNT成長に適した条件は大きく異なることが挙げられる。この成長段階による条件の相違は成長駆動力という観点から統一的に理解できる。図4にNDからのCNT形成過程で想定されるエネルギーダイヤグラムを示す。気相中炭素種と生成物であるCNT中炭素の化学ポテンシャルの差$\Delta\mu$が成長駆動力となる。気相中の炭素種はND表面に吸着・拡散

し，活性化状態を経て生成物である CNT（初期状態では CNT 前駆体のキャップ構造）となる。P を炭素成長種の活量（～実効的な成長ガス分圧），d を CNT 径とすると Δμ は以下の式で表される[14]：

$$\Delta\mu = \Delta\mu^0 + \frac{1}{2}k_B T \ln\left(\frac{P}{P^0}\right) - \frac{A}{d^2}$$

ここで添え字 0 は基準状態を示し，第 2・3 項はそれぞれ成長ガス分圧と歪の効果に対応する。歪効果の比例定数 A は CNT よりもキャップ構造の方が著しく大きく[14]，気相条件が一定であっても Δμ は成長途中で変化する。従って，成長初期段階でキャップ構造形成には，歪による駆動力減少を補うために CNT 成長段階よりも炭素成長種の高い活量が必要となる。しかし，そのままの活量で歪効果が低減する CNT の定常的な成長段階に進むと，図 5 に示すように歪み効果の減少に伴い，駆動力が過剰となる。その結果，エネルギー的により安定な sp^2 炭素殻がナノダイヤモンド表面に生成して成長核としての機能が失われ，成長は終端する（図 5(a)）。一方，CNT 成長に適した活量とした場合には，キャップ構造形成には駆動力が低すぎ，成長効率は低下する（図 5(c)）。このように固体核からの CNT 成長では，金属触媒を用いた場合とは全く異なり，成長可能な条件範囲が極めて狭く，一定の条件での高効率合成は困難である。

このジレンマを解決するため，成長プロセスの途中で成長種活量を変移し，成長駆動力を最適に制御する手法を検討した（図 5(b)）。具体的には，成長ガスの組成・圧力に着目して最適化することで ND からの CNT 成長の高効率化を調べた。

駆動力調整効果の典型的な成長例として，アセチレンを炭素源として ND から成長した試料から観測されたラマンスペクトルを図 6 に示す。アセチレン分圧を 250 Pa 一定で成長した場合と比較して，成長開始 2 分間のみを 250 Pa とし，それ以降の 58 分間は分圧を 50 Pa に減少させて成長駆動力を調整した場合に G バンド強度から見積もった CNT 成長量は 4 倍程度に増大していることがわかる。さらに RBM 領域を比較すると，アセチレン分圧が 250 Pa で一定の場合と，250 Pa→50 Pa と成長途中で変化した場合とではほぼ同一の径分布であることがわかる。一方，より低駆動力の 50 Pa で一定の場合には比較的太い CNT の形成が観測されている。すなわち，CNT の構造はキャップ構造が形成される成長初期段階で決まり，それ以降の成長はその構造を維持しながら延伸していくことを示している。以上の結果から，図 4，5 に示す固体成長核からの CNT 成長における駆動力制御モデルの妥当性が検証され，成長初期段階と定常成長段階のプロセス条件を個別に最適化することで高効率成長が可能であることが明らかとなった。

このようにして成長駆動力調整により従来法より長尺・高密度化した金属フリー CNT 薄膜のデバイス応用への有用性を確かめるため，バイオセンサとしての動作を検証した[12]。ND から成長した CNT 薄膜は金属触媒を含まないことから，電気化学系でも広い電極電位で安定動作した。ND 量で CNT 密度を調整し，キャリア移動度を向上させた。その結果，生体物質（IgE）の高感度検出に成功し，チャネルへの吸着密度により信号方向が反転する現象を見出した。さらに，イオン強度減少によるチャネル表面でのデバイ長の延伸や抗原抗体反応を利用した検出部位の密

第1章 カーボンナノチューブの作製／成長

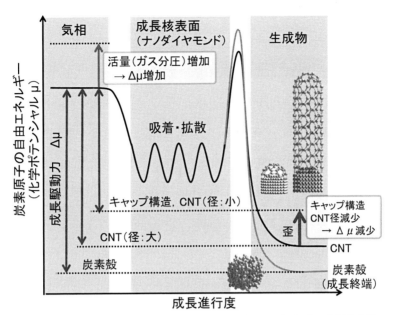

図4 ナノダイヤモンドからのCNT成長収量の炭素源ガス組成・分圧依存性

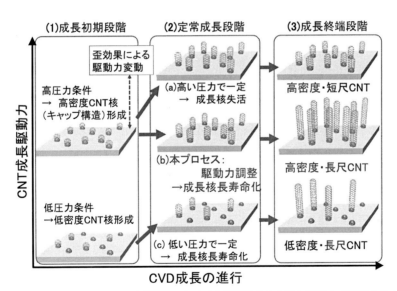

図5 ナノダイヤモンドからのCNT形成過程における成長駆動力の変動と駆動力を調整する本プロセスによる長寿命・高効率化のモデル図

カーボンナノチューブの研究開発と応用

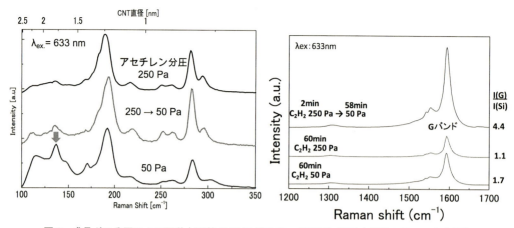

図6　成長ガス分圧による駆動力調整がCNT径分布・成長量に及ぼす効果のラマン分光解析

度調整を進めた．それにより，定量分析の障害となる反転現象を抑制し，極めて広い濃度範囲でIgEを定量検出することに成功した．

2.4 高温成長プロセスによるNDからの低欠陥CNT形成[13,15]

　成長駆動力調整の成長手法を基にして，成長温度を上記で成長効率向上が観測された800℃近傍から1000℃まで上昇させることにより，低欠陥CNTを合成する可能性を検討した．この温度では金属触媒によるCNT成長は困難となるため，ND成長核に特徴的なプロセス条件である．高温条件では，成長ガス圧を一定にしても成長駆動力が低下することに加えて，気相中での分解が促進されてアモルファス炭素などの不純物が生成し，これらの要因による成長阻害を以下に抑制するかが課題となる．そこでエッチング成分である水を成長プロセスの途中から導入し，初期・定常成長段階での駆動力を調整するだけではなく，不純物の生成も抑制し，低欠陥CNTの合成を試みた．典型的な検討結果を図7に示す．成長温度は1000℃，炭素源ガスにアセチレンを用い，水の濃度を800 ppmとした場合に成長開始から水導入までの時間 x（分）による構造変化をラマン分光法で解析した．水を導入しない場合にはアモルファス炭素による強いDバンドが観測されるが，水を導入するとDバンド強度は減少し，5分の場合にはほとんど観測されなくなる．欠陥密度の指標となるGバンド/Dバンド強度比について，この条件では300程度と極めて高い値が得られており，超低欠陥・高純度のCNTが合成できたことがわかる．ここで得られた結果から，非金属固体ナノ粒子からのCNT成長は，成長駆動力を適切に制御した高温プロセスへと展開することにより，金属フリー・低欠陥CNTを合成するための有力な手段でとなることが示された．

第 1 章　カーボンナノチューブの作製／成長

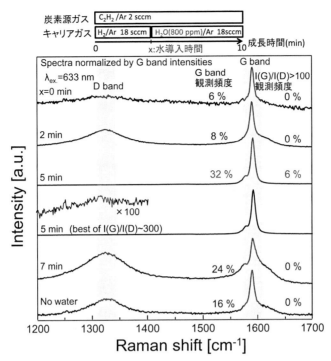

図 7　水添加による駆動力調整が高温での低欠陥 CNT 成長に及ぼす効果

謝辞

　ここに紹介した研究成果は，本間芳和東京理科大学教授，根岸良太東洋大学教授，高木大輔博士，Wang Mengyue 博士をはじめとして，多くの方々との共同研究によるものです。ここに深く感謝いたします。

文　　献

1) A. Jorio, G. Dresselhaus and M. S. Dresselhaus (editors), Carbon Nanotubes Advanced Topics in the Synthesis, Structure, Properties and Applications, Springer (2008)
2) A. D. Franklin, M. C. Hersam and H.-S. P. Wong, *Science*, **378**, 726 (2022)
3) R. Rao *et al.*, *ACS Nano*, **12**, 11756 (2018)
4) K. Hata, D. N. Futaba, K. Mizuno, T. Namai, M. Yumura and S. Iijima, *Science*, **306**, 1362 (2004)
5) T. Saito, S. Ohshima, T. Okazaki, S. Ohmori, M. Yumura and S. Iijima, *J. Nanosci. Nanotechnol.*, **8**, 6153 (2008)
6) A. Moisala, A. G. Nasibulin, D. P. Brown, H. Jiang, L. Khriachtchev and E. I. Kauppinen, *Chem.*

Eng. Sci., **61**, 4393 (2006)

7) F. Yang, M. Wang, D. Zhang, J. Yang, M. Zheng and Y. Li, *Chem. Rev.*, **120**, 2693 (2020)

8) D. Takagi, H. Hibino, S. Suzuki, Y. Kobayashi and Y. Homma, *Nano Lett.*, **7**, 2272 (2007)

9) D. Takagi, Y. Kobayashi and Y. Hommam, *J. Am. Chem. Soc.*, **131**, 6922 (2009)

10) Y. Homma, H. P. Liu, D. Takagi and Y. Kobayashi, *Nano Res.*, **2**, 793 (2009)

11) V. N. Mochalin, O. Shenderova, D. Ho and Y. Gogotsi, *Nature Nanotech.*, **7**, 11 (2011)

12) H. Kase, R. Negishi, M. Arifuku, N. Kiyoyanagi and Y. Kobayashi, *J. Appl. Phys.*, **124**, 064502 (2018)

13) M. Wang, K. Nakamura, M. Arifuku, N. Kiyoyanagi, T. Inoue and Y. Kobayashi, *ACS Omega*, **7**, 3639 (2022)

14) P. Vinten, P. Marshall, J. Lefebvre and P. Finnie, *J. Phys. Chem. C*, **117**, 3527 (2013)

15) M. Wang, Y. Liu, M. Maekawa, M. Arifuku, N. Kiyoyanagi, T. Inoue and Y. Kobayashi, *Diamond and Related Materials*, **130**, 109516 (2022)

3 カーボンナノチューブ構造体の作製とその応用

古田　寛[*1]，小廣和哉[*2]

3.1 はじめに

カーボンナノチューブ（CNT）は，ナノスケールの直径に対し数ミリメートル長さの高いアスペクト比をもつ，グラフェンシートが筒状に丸まった層状構造をとる炭素同素体である。Iijima により報告[1]されて以来，CNT はその特異な電気的，光学的，熱的，機械的特性に注目が集まり多くの研究者の関心を集めてきた。CNT は層数により単層と多層カーボンナノチューブに分類され，とくに単層 CNT では，グラフェンシートの巻き方（カイラリティー）により周期性にもたらされる半導体・金属性のバンド構造[2]が現れることから，半導体・金属 CNT を作り分けた半導体材料応用や，バンド構造に対応した光吸収特性[3]など興味深い報告が行われている。

CNT の応用は多岐にわたり，トランジスタ，化学センサー，熱吸収体，CNT 複合材料，ラウドスピーカー，さらには宇宙エレベーター用ワイヤーなど，その優れた特性を活用したさまざまな CNT ベースのアプリケーションが報告されている。図1に，CNT の構造制御，構造，物性，応用の対応をまとめて示す。CNT の構造（層数・直径・長さ・カイラリティー），CNT 集合体である CNT フォレストの構造（密度・配向性・高さ），CNT 塗布膜の構造（密度・配向性・均一性・表面状態・バインダの種類など）は，それらの電気的・光学的・機械的・熱的特性に起因するので，CNT の優れた物性を引き出すためには，CNT の構造制御が重要な技術開発要素となっている。さらに，品質管理の向上や将来的な CNT 応用の開発に，大量生産技術の確立を課題としている。

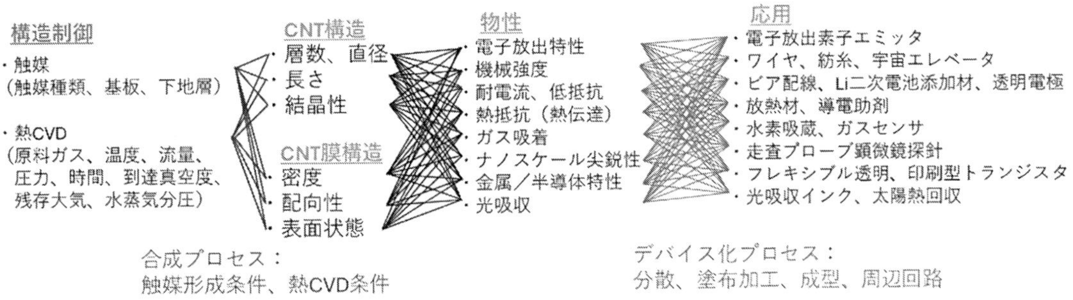

図1　カーボンナノチューブ（CNT）の構造制御，構造，物性，応用の対応

＊1　Hiroshi FURUTA　高知工科大学　システム工学群　総合研究所　教授

＊2　Kazuya KOBIRO　高知工科大学　理工学群　総合研究所　教授

3.2 高密度垂直配向 CNT 構造体の合成

市販されている CNT（例：Hi Pressure Carbon monoxide HiPCo[4] や二元金属を触媒とする CoMoCAT[5]）は，気相流動床法による浮遊させた微粒子触媒を用いた熱化学気相成長法（CVD）によって製造されるが，これらのプロセスでは CNT 本体に金属触媒が残留し，電気的，熱的，機械的特性の劣化を引き起こす可能性がある。このため，高純度な CNT 製造のための新しい手法として，基板上での触媒熱 CVD 法（基板法[6]）が注目されている。基板上の触媒熱 CVD プロセスでは，触媒上に担持配置した微粒子触媒から CNT が析出成長する。配置した微粒子触媒の面密度を上げることで基板上には高い面密度で基板に垂直配向した CNT 構造体（CNT フォレスト）が得られる。触媒微粒子が基板に密着し離れなければ基板上の触媒の根元から CNT が成長（根元成長，ボトムグロース）する。長尺の CNT に対して触媒微粒子は微量で，CNT 本体に残留する触媒金属を削減できるため高品質な CNT の製造が期待される。

我々の研究室ではこれまで，基板法による垂直配向 CNT フォレスト成長制御に取り組んできた。図 2 に開発した熱 CVD 装置概略図と外観を示す。この装置では，ターボ分子ポンプにより 5×10^{-4} Pa 以下の高真空度に排気した石英管内に触媒基板を配置し，真空中で加熱後，炭素源であるアセチレンガスを導入，基板上の触媒微粒子に CNT が成長する。ガス導入にバッファタンクを設けており，圧空バルブを自動開閉駆動し，炉内圧力をモニタすることで合成時間と合成圧力の精密制御を可能とした。触媒には熱酸化 Si 基板（以下 th-SiO 基板）上にマグネトロンスパッタリング法により Al_2O_3，Fe を順に堆積した AlO/Fe 積層薄膜を用いた。

図 3 に高さを調整して合成した CNT フォレストの断面 SEM 像と，CNT 成長高さの合成時間依存性を示す。CNT の成長形態は，基板上に密着した触媒微粒子から炭素が析出し CNT が成長するボトム成長であった。触媒微粒子に炭素原料が供給され飽和析出するまでのいわゆるインキュベーション時間が 1 秒程度あり，炭素供給時間 1 秒程度以下では CNT が成長しなかった。高さ 5 μm まで CNT の成長高さは合成時間にほぼ比例して成長し，CNT が基板上に高密度に支

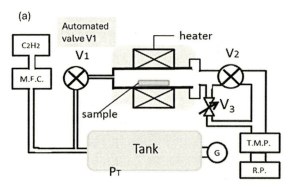

図 2 (a) 熱 CVD 装置概略図と (b) 外観
バッファタンクに一時的にアセチレンガスを貯留し，自動弁（V1）の開閉で炉内の圧力と反応時間を制御する。

第1章　カーボンナノチューブの作製／成長

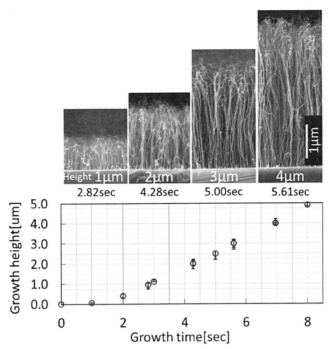

図3　バッファタンクと自動バルブで制御したカーボンナノチューブ成長高さの成長時間依存性[7]

えあいながら成長することで，基板に垂直な垂直配向CNTが成長した。ボトム成長モードであることから，初期に成長した低密度で低配向のCNTが上層部に形成され，その後高密度高配向CNTが成長していることがわかる。

3.3　CNTフォレストフィルムの光学特性

CNTの光学特性の特徴として高い吸収率が知られ，特に垂直配向成長したCNT構造体であるCNTフォレストでは，可視光域で0.045％の全反射率[8]が報告され，CNTは世界で最も黒い物体と呼ばれている。最も黒い物体の応用では，電磁暗箱や，車のボディ塗装，太陽光の光吸収熱を利用した海水の淡水化[9]などが報告されている。Yangらの報告での低い全反射率の理由として，体積充填率2-3％の垂直配向CNTフォレストでナノスケールの表面凹凸により拡散反射が減少したと説明した。Mizunoらは，低密度な垂直配向CNTフォレストに対する垂直入射光の反射率の低さの理由について，CNT軸と平行に入射する光が多数回反射し，一部の乱れた配向のCNTと相互作用し，高い吸収を得たと結論した[10]。

CNTの熱CVD合成では，触媒の種類や膜厚，炭素原料ガス種，流量，圧力，合成温度など様々な合成パラメータを組み合わさり，層数や長さ，結晶性など，目的の構造をもつCNTが得られる。目的の構造のCNTを得るためには，多くの合成条件パラメータを振り，構造の条件依存性を探索することが必要になる。我々は，CNTフォレストの光学吸収を増加させる目的で，実験

条件の探索にタグチメソッドを適用した。タグチメソッドは，構造や特性など実験結果で得られた出力が得られた時の実験条件を入力として，入力の変化が及ぼす出力の変化への影響をS／N比として数値評価することで，目的の性能を得るための最適実験パラメータの探索を効率よく行うことが可能である。図4に条件を変えて合成したCNTフォレストの断面SEM像と対応する全反射スペクトルを示す。垂直配向CNTは可視光全域にわたり低い反射率を示した一方，配向性の低いランダム配向したCNT試料では，短波長の反射率が低く，長波長の反射率が上昇し，反射率の波長依存性を示した[11]。有限差分時間領域（FDTD）計算によりCNTフォレストの反射スペクトルの配向依存性を調査した。入射光がCNTフォレスト基板に垂直方向から入射した場合，垂直配向CNTフォレストでは，入射光の横方向電界とCNT軸が直交しているために可視光全域にわたり反射率が低いことがわかった。また，ランダム配向CNTでは，入射光の横方向電界分布成分と平行なCNT軸が反射し，長波長域で反射率が上昇したことがわかった[12]。総合評価として，タグチメソッドにより最小の全反射率が予測された実験条件でCNTフォレストを合成し光学特性を評価した。CNT合成触媒（Fe膜厚，AlOバッファ層への基板バイアス），熱CVD法の合成条件（C_2H_2流量，C_2H_2/H_2流量比）を最適化することで，高さ27 μmの薄い膜厚のCNTフィルムで0.077％の低い全反射率が得られた[11]。太陽光を吸収し，熱に変換する淡水化技術や蓄熱デバイスへの応用では，太陽光の可視光領域を吸収し，赤外放射を下げるために赤外領域の反射率を高くする，波長選択性が吸収体に求められる。CNTの配向制御による太

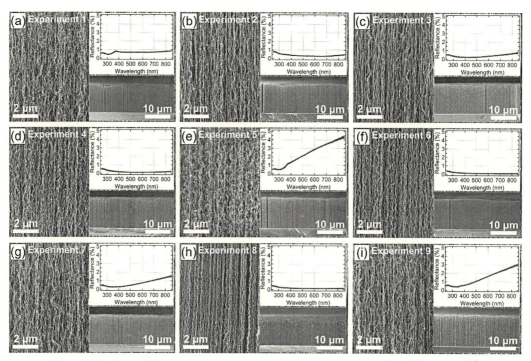

図4 条件を変えて合成したCNTフォレストの断面SEM像と可視光域全反射スペクトル[11]

第1章　カーボンナノチューブの作製／成長

陽光吸収の波長選択性の制御は，高効率の太陽熱回収デバイスの熱吸収体の一つの候補と考えている。

3.4　CNT フォレストパターン配線加工とメタマテリアル応用

　光学メタマテリアルは，原子分子より大きく電磁波より小さいスケールで設計された電極等の構造体で，波長以下の特徴的なサイズで起きる共鳴現象により，負の屈折率など通常の物質では実現不可能な光物性や機能を発現することが報告されている。メタマテリアル材料には，銀をはじめとする金属材料電極による原理検証が先行し，CNT を構成要素とするメタマテリアルの報告例はまだ少ない。Butt ら[13]は電子ビームリソグラフィー加工で基板上に規則配置した触媒粒子を用い，プラズマ CVD により 400 nm 周期に配列した垂直配向孤立 CNT を形成し，1.4 μm 以下の短波長を透過するハイパスフィルタとして機能させた。Nikolaenko ら[14]は，CNT を混合した塗布薄膜を加工し，メタマテリアル電極構造の SRR（スプリットリングレゾネータ）を形成して透過率を測定し，CNT 固有の現象であるエキシトン-プラズモンカップリングにより光学特性を説明した。CNT のナノサイズかつ異方性を有する特異な構造からもたらされる一次元性，非線形光学特性は，新機能を発現するメタマテリアルへの応用に有望である。

　CNT フォレストをメタマテリアル形状に配線加工する技術について，我々は CVD 合成前の触媒薄膜について FIB（フォーカスドイオンビーム）加工する方法を提案した。従来の FIB 加工では触媒薄膜の再付着が生じるために微細な触媒パターン加工ができなかったところ，一度目の FIB パターン加工後，領域全域を FIB 加工によりエッチングすることで，表面の清浄な触媒配線パターンの作製に成功し，CVD 合成で触媒配線上に垂直配向 CNT フォレストを合成した。CNT フォレスト成長した配線線幅は 250 μm で，パターンサイズは 2 μm 以下サイズのパターン加工に成功し，メタマテリアルの典型的な電極形状であるスプリットリングレゾネータ（SRR）形状に垂直配向 CNT フォレストを成長させた[15]。

　SRR 形状に加工した CNT フォレストメタマテリアルの赤外反射率を JASCO FT-IR 顕微赤外分光装置で評価した[16]。SRR 高さ h，SRR のスプリットしたギャップ幅 g，ディップ深さ d 依存性を調べた。図 5 に反射率のギャップ依存性を示す。試料 A の□形はギャップ幅が 0 μm，試料 B の SRR はギャップ幅が 0.5 μm，試料 C の凹字型は 1.2 μm のギャップ幅を設けた。(a) の SEM 像から確認できるように，基板全体の面積に対する CNT の被覆面積は，A（□）＞ B（SRR）＞ C（凹）であり，被覆面積が高い試料の反射率が低下することが予想できるが，赤外反射率は試料 B（SRR）が最も低い 70％の反射率であった。FDFT 法による計算により，SRR 形状の CNT フォレストメタマテリアルへの基板に垂直方向からの電磁波入射を行うと，ギャップへの電界集中が生じており，入射電磁波に対する電磁共鳴により，光吸収が促進したと結論した[16]。触媒薄膜の FIB 微細加工と，触媒上 CNT 成長制御を組み合わせることで，SRR 形状 CNT フォレストメタマテリアルを作製し，SRR 電極に特有の電磁共鳴により赤外光の反射率を低下させることに成功した。電極設計による熱放射設計や電磁波吸収体の応用に貢献する成果であると考

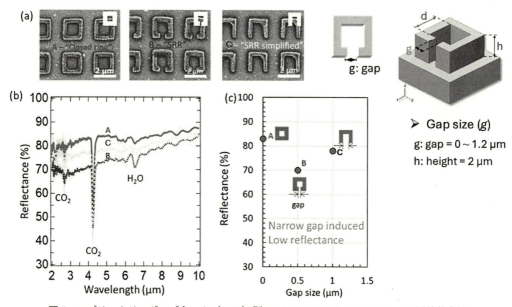

図5　スプリットリングレゾネータ（SRR）型CNTフォレストメタマテリアル形状依存性
試料"A：Closed ring"，試料"B：SRR"，試料"C：SRR simplified"。(a)SEM画像，(b)赤外反射率スペクトル，(c)波長3.77 μm (2650 cm^{-1}) における反射率比較[16]。

えている。

3.5 霜柱状CNTフォレストの光学特性とフィッシュネット型メタマテリアル

熱CVD法で基板法によりCNTを合成するとき，基板上の触媒薄膜の膜厚はおおよそ2 nm程度以下とすることが多い。熱CVDプロセスの昇温中に，触媒薄膜は基板上で触媒微粒子に変化し，その後炭素源となる原料ガスが供給されるとCNTの成長核となる。触媒の膜厚が厚い場合，触媒膜上に炭素膜が形成されて成長が止まるが，条件がそろえば炭素膜に担持された触媒からCNTが成長することで，炭素膜をCNTが支持する三次元構造体が形成されることが報告された[17]。

我々は，マグネトロンスパッタリング法によりNi触媒を3.8 nmの膜厚熱酸化Si基板上に堆積し，アセチレンガスを炭素源とする熱CVD法により処理することで，図6に示すような炭素膜が低密度の垂直配向CNTで支持された三次元構造物を得た。本稿では霜柱状CNTフォレストと呼ぶ[18]。炭素膜を支持するCNTの高さは，熱CVD合成時間で調整可能なことを見出し，CNT長さを可視光波長程度の580 nmに調整すると，炭素膜と基板間で可視光の干渉色が得られることを発見した[18]。熱酸化Si基板上に堆積した膜厚4.0 nmのCo触媒に対し，FIB微細加工により，赤外波長スケール以下となる線幅600 nm，500 nm，400 nmの格子状の触媒が残るパターン加工を30 μm角の領域に施した。その後熱CVD法により，格子状（フィッシュネット形状）霜柱状CNTフォレストを作製した。FT-IR測定により透過率と反射率を評価すると，加

第1章　カーボンナノチューブの作製／成長

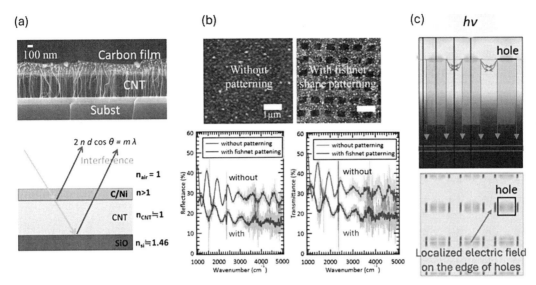

図6　(a)霜柱状 CNT フォレスト断面 SEM 像と光学干渉模式図，(b)霜柱状 CNT フォレストと周期的に孔のあいたフィッシュネット形霜柱状 CNT フォレストの SEM 像とそれぞれの光学スペクトル，(c) FDTD 計算で求めたフィッシュネット形霜柱状 CNT フォレストへの入射光と孔周辺への電界強度の増大[18]

　工のない霜柱状 CNT フォレストに対して，フィッシュネット形状の霜柱状 CNT フォレストは，透過率・反射率ともに低下し，霜柱状 CNT フォレストは孔をあけることで吸収が増大した。FDTD 法による電磁界計算により，入射電磁波により孔エッジ部分への電界集中が観測され，波長サイズ以下の孔開きフィッシュネットメタマテリアル電極による電磁共鳴による電磁波吸収増大と結論した[18]。波長以下サイズの矩形の孔を周期的にうがったフィッシュネット型の霜柱状 CNT フォレストには赤外吸収を増大させる効果があり，電極形状最適化設計により，高効率光吸収膜の原理検証の応用展開を期待している。

3.6　ポリスチレンナノビーズリソグラフィーを利用したフィッシュネット型 CNT フォレストメタマテリアルの大面積合成[19]

　フィッシュネット型霜柱状 CNT フォレストでは，FIB 加工を用いた波長以下サイズの微細配線加工により，赤外吸収増大の光物性を引き出すことができたが，FIB 加工は高々数十 μm 角の試料を作製することが試料サイズの上限であり，太陽熱回収デバイスや高効率電磁アンテナなどへの応用には，スケールアップ可能な加工法の開発を課題としている。この課題を解決するため，波長サイズ以下直径 800 nm のポリスチレン（PS）ナノビーズを利用し，ICP-RIE（誘導結合型プラズマ－反応性イオンエッチング）法により触媒薄膜をパターン配線加工するプロセスを開発した[19]。図7に，PS ナノビーズ（直径 800 nm）を利用した ICP-RIE 加工によるフィッシュネット型 CNT フォレストの大面積合成のプロセスを示す。蒸留水に単層に PS ビーズを浮上さ

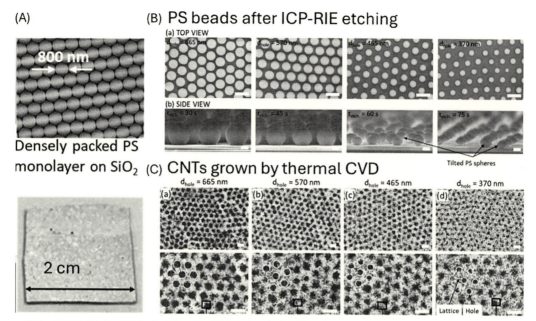

図7 ポリスチレン (PS) ナノビーズ (直径 800 nm) を利用した ICP-RIE 加工によるフィッシュネット型 CNT フォレストの大面積合成プロセス
(A)熱酸化 Si 基板上単層 PS ナノビーズの SEM 画像と基板写真，(B)エッチング時間を変えて ICP-RIE 処理した PS ナノビーズの SEM 画像，(C)ICP-RIE 処理 PS ナノビーズへの AlO/Fe 触媒堆積と熱 CVD 合成を経て作製したフィッシュネット型 CNT フォレスト SEM 画像[19]。

せ，水を静かに排水し，水中に静置した熱酸化 Si 基板上へ整列させた。図に配置した PS ビーズアレイの SEM 像と試料外観を示す。試料は干渉色を示し，SEM 像からほぼ最密に一層の PS ビーズ配列が形成された。ICP-RIE (誘導結合型プラズマ-反応性イオンエッチング) 装置により，PS ナノビーズをドライエッチング処理すると，図右上に示すように，エッチング時間が長いほど PS ビーズサイズは 665 nm から 370 nm に縮小し，PS ビーズの配置位置は変化なくピッチが一定の PS ナノビーズアレイを得た。熱酸化 Si 基板上の ICP-RIE 処理した PS ナノビーズアレイをハードマスクとして用い，マグネトロンスパッタ法により，基板上に Al_2O_3，Fe 薄膜を連続製膜した。PS ビーズをエタノール溶液で溶解し，アセチレンガスを原料とした熱 CVD 法により CNT を合成した。触媒膜の形状に対応したフィッシュネット形状の CNT フォレストが成長した。積分球を介した UV/VIS 分光法により，フィッシュネット型 CNT フォレストの全反射および拡散反射スペクトルを測定した。反射スペクトルはフィッシュネット型 CNT フォレストの孔径が拡大するほど短波長側に波長シフトした。孔径が拡大するに伴って CNT フォレスト配線線幅が縮小したため，インダクタンスが減少し，容量とのカップリングが変更を受けて波長シフトが起きたのではないかと仮説を立てた。さらなる光学特性の解析には計算機実験による検証が必要である。

第1章　カーボンナノチューブの作製／成長

3.7　ヘアライク CNT-MARIMO 結合体の合成と光学特性[20]

　CNT の応用を考えるとき，平坦な基板上での高品質熱 CVD 成長では，シングルバッチでの CNT 生産量を飛躍的に増加させることは依然として課題である。Noda らは，流動床法と球状基板を組み合わせた熱 CVD プロセスを用い，$100\,\mu m$ サイズの Al_2O_3 ビーズ上で CNT を連続大量生産する方法を報告[21]している。また，Verpillere らは基板の表面積を増やすために球状基板の直径を最小化する手法を提案したが，球状基板の直径均一性については十分に検討されていない。

　我々はこれまで，炭素ガス源の精密供給可能な熱 CVD プロセスにより，薄膜金属触媒への CNT フォレストの均一かつ高密度な成長を報告してきた。CNT 高さは，光波長スケールの $<1\,\mu m$ から $250\,\mu m$ のメカニカルスケールまで制御可能である。このような高精度 CNT 構造体を，サイズのそろった球形基板上に形成できれば，均一長さの CNT の大量合成が期待でき，さらに，構造体そのものの性質としても，共鳴吸収効果を含む光学的メタマテリアル特性が期待できる。また，CNT 構造体の表面積が大きいため，ナノ凹凸構造や多数の細孔を有し，貴金属ナノ粒子を効果的に捕捉できる特性が期待できる。これまでも酸化物二次粒子球体（MARIMO）の性質を生かし，CO 酸化に用いる $Au/MARIMO\text{-}TiO_2$ や，メタンの乾式改質に用いる $Ni/MARIMO\text{-}ZrO_2$ など，高性能かつ耐久性に優れたナノメタル触媒として利用されており，CNT-MARIMO 結合体では，さらなる表面積の増加と反応の効率向上が期待できる。

　ソルボサーマル法を用いた球状コア触媒の調製と CNT-hair 複合体製造のための詳細な反応条件，および得られた複合体の特性評価を検討した。サブミクロンサイズの球状金属酸化物担体上に触媒金属酸化物を担持し，化学熱蒸着法によりアセチレンを炭素源として CNT を成長させたところ，毛髪状の高密度かつ長尺の「CNT-hair」が得られた。

　触媒候補として FeO_x，CoO_x，NiO_x が，触媒担体として TiO_2，ZrO_2，SnO_2，CeO_2 が選定され，これらの組み合わせによる担持触媒が，一段階のソルボサーマル法と二段階の含浸法の2種類で調製された。その結果，FeO_x/ZrO_2 の組み合わせの一段階のソルボサーマル法で作製した触媒基板が，高密度で長尺の最も良好な CNT 成長を示し，温度 730℃，圧力 65 Pa，エチレン流量 10 sccm，反応時間 10 秒という条件下で，約 $3\,\mu m$ の長さを持つ 5〜8 層の多層 CNT が形成された。図8に，ソルボサーマル法により埋め込み Fe 触媒で得られた MARIMO-CNT 複合体（CNT-hair），および金属酸化物単体上に含浸法で担持させた Fe 触媒で得られた CNT-hair の SEM 像，および高分解 TEM 像を示す。ソルボサーマル法による埋め込み触媒で得られた CNT は結晶性が高く太くまっすぐであるのに対し，含浸触媒では細くやや曲がりやすい CNT が得られ，これは，含浸法触媒は触媒が低密度で小直径であることが要因と考えた。これらの CNT-hair は大量に集合することで，毛玉や綿菓子のような層状構造が形成され，中心部の FeO_x/ZrO_2 触媒と CNT-hair は，カエルの卵のような独特の外観を示した。このような層状材料は，CNT-hair の高い均一性や密度により，偏光や電磁波吸収などの興味深い物理特性が期待できる。

カーボンナノチューブの研究開発と応用

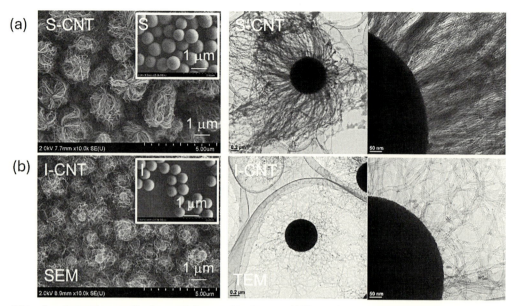

図8 （a：S-CNT）ワンポットソルボサーマル埋め込み Fe 触媒から成長したヘアライク CNT の SEM 像および高分解 TEM 像，（b：I-CNT）ソルボサーマル合成 MARIMO への含浸法添加 Fe 触媒から成長したヘアライク CNT の SEM 像および高分解 TEM 像
それぞれの SEM 像の右上に，球形の基板とした酸化物二次粒子球体（MARIMO）の SEM 像を示す[20]。

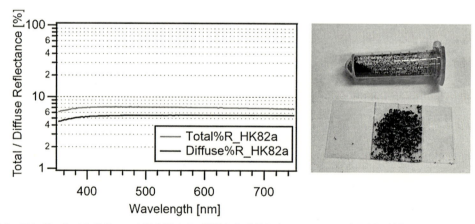

図9 ワンポットソルボサーマル埋め込み Fe 触媒から成長した CNT-hair の全反射・拡散反射スペクトルと評価試料外観[22]

　ワンポットソルボサーマル埋め込み Fe 触媒から成長した CNT-hair を，ガラス基板上に乾燥状態で敷き詰め，積分球を介した UV/VIS 光学特性を評価した。図9に測定試料外観と全反射および拡散反射スペクトルを示す。可視光域で全反射及び拡散反射スペクトルはフラットで構造のない特性を示し，これは，CNT 塗布インクが示すような長波長側で反射率が上昇するスペクトルとは異なる特徴があった。FDTD 計算により，フラットなスペクトルは，配向の向きの異

なる CNT が組み合わされた時に得られ，向きの異なる CNT と入射光の相互作用により，波長依存のない反射スペクトルが得られたと結論した。

3.8 まとめ

本稿では，熱 CVD 法による CNT 合成について，平板の基板，球状の酸化物二次粒子球体を基板とした，CNT 構造体の特徴と成長形態，主に光学的特性について紹介した。

図 10 に本稿で紹介した CNT 構造体の光学波長スケールでの形状制御とメタマテリアル応用を図示してまとめる。光学波長程度以下＜1μm の CNT 成長高さを精密制御したことから始まり，これを FIB 加工による微細加工を施しメタマテリアル電極回路を作製し，赤外領域での光学吸収増大の物性を見出し，回路設計による光物性制御の可能性を言及した。一方で，これら微細加工の大面積化は非常に困難でありコストも抑えられないことから，大面積のアプリケーションや大量合成へ向けた取り組みを検討し，PS ナノビーズの最密充填と ICP-RIE エッチングを利用した，自己組織化フィッシュネット形状 CNT フォレストメタマテリアルの形成と特性評価を実施した。さらなる大面積化にむけて，光学波長サイズ以下の CNT フォレストを大量に作ることのできる方法として，金属酸化物二次粒子球体をコア基板とし，担持した触媒から CNT を高密度に成長した CNT-hair を作製し，可視域でのフラットな反射スペクトルの光学特性を得た。カーボンナノチューブの配向制御による光学特性制御が可能であることも示し，これらの成果は，将来の熱エネルギー回収デバイス，高機能 CNT 材料の大量合成など，広い工学応用で利用されることを期待している。

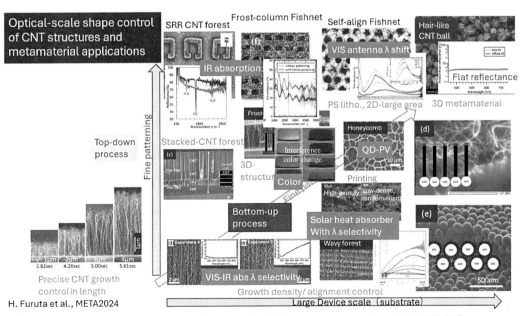

図 10　本研究で紹介した CNT 構造体の形状制御とメタマテリアル応用[7,11,16,18,19,22,23]

カーボンナノチューブの研究開発と応用

謝辞
　関家一樹氏，Adam Pander 博士，宮地弘樹氏，迫田北斗氏，松﨑理子氏，木村日向子氏，廣瀬沙紀氏，には本研究の遂行にあたり，実験面で多くの貢献をいただいた。本研究は科研費研究（24560050，17K06205，20K05093，22K04819，23K04383）により実施した。

文　　献

1) S. Iijima, *Nature*, **354**, 56 (1991)
2) A. Jorio and R. Saito, *J Appl Phys*, **129**, 021102 (2021)
3) Y. Zhang, Y. Luo, M. Wang, T. Xing, A. He, Z. Huang, Z. Shi, S. Qiao, A. Tong, J. Bai, S. Zhao, F. Chen, and W. Xu, *SusMat*, **4** (2024)
4) M. J. Bronikowski, P. A. Willis, D. T. Colbert, K. A. Smith, and R. E. Smalley, Journal of Vacuum Science & Technology A: Vacuum, *Surfaces, and Films*, **19**, 1800 (2001)
5) B. Kitiyanan, W. E. Alvarez, J. H. Harwell, and D. E. Resasco, *Chem Phys Lett*, **317**, 497 (2000)
6) Y. Murakami, S. Chiashi, Y. Miyauchi, M. Hu, M. Ogura, T. Okubo, and S. Maruyama, *Chem Phys Lett*, **385**, 298 (2004)
7) K. Sekiya, H. Koji, H. Furuta, and A. Hatta, in AVS 60th International Sym. & Exhibit. (AVS 60) (2013)
8) Z.-P. Yang, L. Ci, J. A. Bur, S.-Y. Lin, and P. M. Ajayan, *Nano Lett*, **8**, 446 (2008)
9) Z. Yin, H. Wang, M. Jian, Y. Li, K. Xia, M. Zhang, C. Wang, Q. Wang, M. Ma, Q. Zheng, and Y. Zhang, *ACS Appl Mater Interfaces*, **9**, 28596 (2017)
10) K. Mizuno, J. Ishii, H. Kishida, Y. Hayamizu, S. Yasuda, D. N. Futaba, M. Yumura, and K. Hata, *Proceedings of the National Academy of Sciences*, **106**, 6044 (2009)
11) A. Pander, K. Ishimoto, A. Hatta, and H. Furuta, *Vacuum*, **154**, 285 (2018)
12) H. Furuta, A. Pander, S. Shimada, Takano. K., A. Hatta, and M. Nakajima, in 7th Workshop on Nanotube Optics and Nanospectroscopy (WONTON2018), p. 68 (2018)
13) H. Butt, Q. Dai, P. Farah, T. Butler, T. D. Wilkinson, J. J. Baumberg, and G. A. J. J. Amaratunga, *Appl Phys Lett*, **97**, 1 (2010)
14) A. E. Nikolaenko, F. De Angelis, S. A. Boden, N. Papasimakis, P. Ashburn, E. Di Fabrizio, and N. I. Zheludev, *Phys Rev Lett*, **104**, 3 (2010)
15) A. Pander, A. Hatta, and H. Furuta, *Nanomicro Lett*, **9**, 44 (2017)
16) A. Pander, K. Takano, A. Hatta, M. Nakajima, and H. Furuta, *Opt Express*, **28**, 607 (2020)
17) D. Kondo, S. Sato, and Y. Awano, *Applied Physics Express*, **1**, 0740031 (2008)
18) H. Miyaji, A. Pander, K. Takano, H. Kohno, A. Hatta, M. Nakajima, and H. Furuta, *Diam Relat Mater*, **83**, 196 (2018)
19) A. Pander, T. Onishi, A. Hatta, and H. Furuta, *Nanomaterials*, **12**, 464 (2022)
20) K. Kobiro, H. Kimura, S. Hirose, M. Kinjo, and H. Furuta, *RSC Adv*, **13**, 13809 (2023)

第1章　カーボンナノチューブの作製／成長

21) D. Y. Kim, H. Sugime, K. Hasegawa, T. Osawa, and S. Noda, *Carbon*, **50**, 1538 (2012)
22) H. F. Furuta, H. Kimura, H. Sakoda, R. Matsuzaki, S. Islam, and K. Kobiro, in The 14th International Conference on Metamaterials, Photonic Crystals and Plasmonics（META 2024), p. 807 (2024)
23) J. Udorn, A. Hatta, and H. Furuta, *Nanomaterials*, **6**, 202 (2016)

4 気体放電を利用したカーボンナノチューブフィラメントの作製

佐藤英樹[*]

4.1 はじめに

筆者のグループでは，シート状のカーボンナノチューブ（CNT）集合体を気体放電に曝露すると，多数のCNTのバンドル（束）がつながった，CNTフィラメントが形成されることを見いだした。これは気体放電と電界の効果により，CNT集合体から引き出されたCNT束がつながって形成されるもので，気体放電発生のために用いる電極構造に依存して特異な形態を示す。このCNTフィラメント形成現象を詳細に調べた結果，CNTフィラメントの生成効率が劇的に向上する電極構造と放電条件を見出した。そして生成されたCNTフィラメントを束ねることで，撚糸状のCNT集合体の形成も可能であることを確認した。これは，CNTの新規紡糸法として有望である。本稿では，気体放電により様々な条件下におけるCNTフィラメントの形成例を紹介し，その形成メカニズムについて述べる。

4.2 CNTで表面が覆われた電極を用いた気体放電

気体雰囲気中で，一対の平行平板電極間に印加する電圧を徐々に増加させていくと，ある電圧に達したところで気体放電が発生する。これは，電極間の電界で加速された電子が気体分子に衝突し，電離を引き起こすことで起こる現象である[1]。

気体放電を発生させるために使用する電極表面の，一部または全体を密集したCNTで被覆する（化学気相成長（CVD）法で直接成長させる，マット状に成形したCNT（CNTマット）を貼り付ける，スプレー堆積させる，などの方法を用いる）と，被覆しない場合と比較して放電の発生に必要な印加電圧（放電開始電圧）が低くなる[2~4]。陽極–陰極間隔が1.0 mmで大気圧の空気中の条件下では，CNT被覆がない場合では放電開始電圧は約4000 Vであるが，CNT被覆がある場合は1700 V程度まで低下する。これはCNTが，直径が極めて小さく（数nm～数十nm）長さは数μmにも及ぶ，すなわち高アスペクト比の形態を有する導体であることに起因する[5]。このような高アスペクト比の導体に電圧を印加すると，その先端には極めて高い電界が発生し，この効果により比較的低い印加電圧でも気体放電を発生させることが可能になる。

このような効果を利用し，CNT被覆電極をガス放電管（サージアレスタ）[2]やガスセンサとして利用する研究[3,6]が行われてきた。筆者もCNT被覆電極による，各種気体雰囲気における放電特性を調べてきた[4]。

---

[*] Hideki SATO　三重大学　大学院工学研究科　電気電子工学専攻　教授

第1章　カーボンナノチューブの作製／成長

4.3　気体放電により誘起されるCNTフィラメント形成現象

　前述のCNTで被覆電極を用いた気体放電特性の実験過程で，大気圧のアルゴン雰囲気下で電極間に気体放電を発生させ，しばらくすると気体放電が突然停止するとともに，電極間に複数の細いフィラメントが電極間を架橋する様子がしばしば見られた[7]。図1にその例を示す。図1(a)に示す電極配置で，陰極側に(b)の走査電子顕微鏡（SEM）像に示すようなCNT被覆層を形成する。ここでは熱CVD法により生成した多層CNTをマット状に成形したものを貼付しCNT被覆としている。電極間隔を1.0 mmとし，電圧を印加すると図1(c)に示すような気体放電が発生し，その後図1(d)のような多数のフィラメントが形成される[7~9]。このフィラメントは，CNT束が多数連なって形成されており，これにより電極間が短絡され，気体放電は自然停止する。

　このようなCNTフィラメント形成は，雰囲気気体（アルゴンなど）を大気圧（1.0×10^5 Pa）程度の圧力にして気体放電を発生させたときにみられる。このときに電極間に発生する気体放電

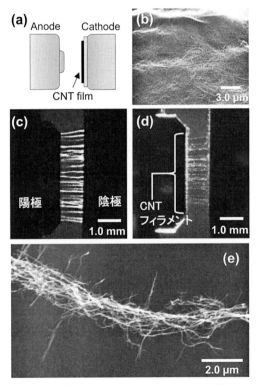

図1　気体放電によるCNTフィラメント形成
(a)電極配置の概略図，(b)金属基板に貼付したCNTマットのSEM像，(c)電極間に電圧印加して生じた気体放電の様子，(d)気体放電が停止した後に形成されるCNTフィラメント，(e)CNTフィラメントのSEM観察像
出典：Y. Mizushima, H. Sato, *Jpn. J. Appl. Phys.*, **57**, 01AF09 (2018)
図1(a), (b)…Fig. 1，図1(c)-(e)…上記論文のFig. 3（一部改変）

は，図1(c)のような細い光の筋状の火花放電で[7〜9]，放電開始電圧は600〜2000 V 程度になる。電極間隔を固定し，圧力を下げていくと，放電開始電圧200 V 近くまで低下するが，このときの放電形態はグロー放電となり，フィラメント形成は観られなくなる。また，フィラメント形成はCNT被覆層が陰極表面にある場合に観られ，陽極表面にあるときには観られない[8]。雰囲気気体としてアルゴンの他，ヘリウムやネオンなどの希ガス，窒素，さらに空気を用いても同様のフィラメント形成が観られることが確認されている。

気体放電により形成されたCNTフィラメントをSEM観察した結果を図1(e)に示す[8]。この像から，CNTが多数絡まり連なっている様子がわかる。また，ラマン分光分析により，気体放電に曝露する前と後（フィラメント形成後）で，CNTの結晶性が変化していないことが確認され，気体放電によるCNTへのイオン衝撃による影響はないことがわかった[7]。

このCNTフィラメントの形成メカニズムは，以下とおりである[7]。気体放電により大量のイオンが陰極上に局所的に入射することで，陰極表面を覆う密集したCNT層が部分的に破壊され，大量のCNT束が生成される。これらのCNT束が電界応力の作用により陰極表面から引き出され，他のCNTと絡み合いながら陽極へと延伸し，これが陽極に到達して電極間を架橋する。

このCNTフィラメントの興味深い点は，フィラメント形成後，電極間隔を変化させた際のフィラメントの挙動である[8,9]。図2(a)のように多数のフィラメントが電極間を架橋する状態か

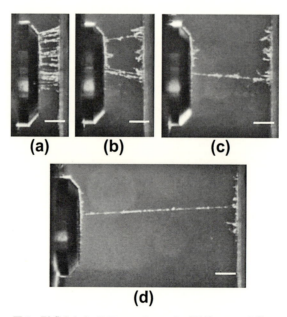

図2　形成されたCNTフィラメントが延伸していく様子
(a)フィラメント形成直後，(b)-(d)電極間距離の増加に伴うCNTフィラメントの変化
スケールバー：1.0 mm
出典：Y. Mizushima, H. Sato, *Jpn. J. Appl. Phys.*, **57**, 01AF09 (2018)
図2(a), (b), (c), (d)…上記論文のFig. 6(b), (c), (d), (e)

第1章　カーボンナノチューブの作製／成長

ら，電極間に電圧を印加しながら間隔を徐々に広げていくと，架橋するフィラメントの長さが延伸するとともに，その数が減少していく様子が見られる（図2(b)-(d)）[8]。これは電極間隔が広がるにつれ，複数の短いCNTフィラメントが合体して1本の長いフィラメントになるためである。最終的には，電極間を架橋するフィラメントは1本になる（図2(d)）。この状態での抵抗値は100 MΩのオーダーとなっており，CNT束間のコンタクトは弱くトンネル伝導の状態であると推測される[9]。

4.4　ワイヤ電極を利用したCNTフィラメント形成量の増加

前項で述べた方法では，1本の細いCNTフィラメントを形成することができるが，これを大量に生成して束ねることができれば，CNT紡糸を行うことができる。しかしながら前項の方法では，CNTフィラメントの生成量が少なく，また電極間が狭間隙のためフィラメントの取り出しが困難である。そこで，電極構造を平行平板型構造から，金属ワイヤを用いた構造（ワイヤ2極構造）へと変更した[10]。図3(a)にその構造を示す。陽極に直径0.15 mmのタングステン（W）ワイヤを，陰極に厚み0.5 mm，10 mm角のステンレス（SUS）の板を用いている。陰極板の側面にCNTマット（CVD法により成長させた多層CNT）を貼付し，この面に対して陽極のWワイヤを垂直に配置する。CNTマットとWワイヤ先端の間隔を1.0 mmとし，アルゴン雰囲気下で電極間に電圧を印加すると，図3(b)のような気体放電が発生するとともに，CNTマットか

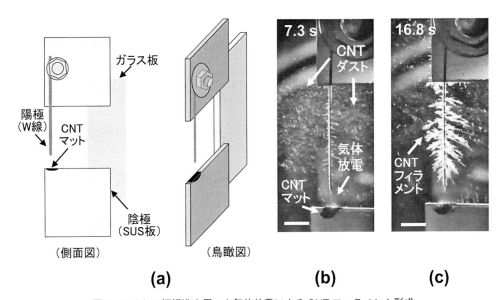

図3　ワイヤ2極構造を用いた気体放電によるCNTフィラメント形成
(a)電極構造の概略図，(b)，(c)気体放電開始からそれぞれ7.3 s，16.8 s経過後のCNTフィラメント形成の様子
出典：H. Sato, M. Hiromura, *Vacuum*, **198**, 110877 (2022)
図3(a)…上記論文のFig. 2(a)，(b)，図3(b)，(c)…上記論文のFig. 4(e)，(h)（一部改変）

らダスト状の CNT 束が多量に生成され，これが陽極の周囲に引き寄せられ付着する（図3(b)）。陽極状の CNT 束は時間の経過とともに延伸し最終的に図3(c)のような樹枝状の CNT フィラメント集合体を形成する[10]。前項の平行平板電極の場合と異なり，気体放電は自然停止せず，電圧印加を続ける限り気体放電は持続する。

　この CNT フィラメントは，用いる CNT の長さによらず形成可能であることを確認している[10]。また，ここで用いている，CVD 法により成長させた多層 CNT のみならず，単層 CNT やアーク放電法で作製した CNT を用いても同様にフィラメント形成が可能であることも確認している。

　このような CNT フィラメント生成が観られるのは，雰囲気気体の圧力を 1〜10 kPa の範囲にして気体放電を発生させた場合であり，この圧力範囲から外れると生成効率は低くなる[10]。このときの気体放電の形態は，平行平板電極の場合（図1(c)）と異なり，光の筋が太く広がり，グロー放電に近い形態を呈している（図3(b)）。

　さらなる CNT フィラメントの生成量増加と長尺化をめざし，次に図4(a)に示すような電極構造（3極構造）を考案した[10]。この構造では前述のワイヤ2極構造と同様に，SUS 板の側面に CNT マットを貼付したものを陰極に用いているが，陽極の W ワイヤが，この CNT マットを貼付した SUS 板側面に対し，1.0 mm 離れた位置に平行に配置されている。さらに，陽極に対して別の W ワイヤを垂直に配置し，これを CNT 束の捕集電極として用いる。捕集電極は上下に可動で，その先端と陽極の間隔は任意に設定できるようになっている。陽極を接地電位とし，捕集電極に +50 V の電圧を印加した状態で陰極に −800 V 程度の電圧を印加すると，陰極-陽極間に気体放電が発生し（図4(b)），これに伴い多量のダスト状 CNT 束が発生する。このダスト状 CNT 束が陽極に捕集され，時間の経過に伴いフィラメントが延伸し（図4(c)），長尺な CNT フィラメントが大量に生成される（図4(d)）。

　ワイヤ2極構造および3極構造を用いた場合における，CNT フィラメントの生成メカニズムは以下の通りである[10]。CNT マットが気体放電に曝露されることによりダスト状の CNT 束が大量に生成される。これは前述の平行平板型電極の場合と同じである。発生した CNT ダストは負に帯電しているため，電界の効果により陽極もしくは正のバイアス電圧が印加された捕集電極へと引き寄せられ，これらの表面に付着する。起毛した状態で電極表面に付着した CNT 束は，その先端に強い正電界を形成する。これは前述の通り，CNT がナノメートルサイズの直径を持つ高アスペクト比形状を有するためである。この強電界が，別の負に帯電した CNT 束を引き寄せて，これを付着させる。このプロセスが繰り返されることにより，フィラメントが長く延伸する。

　ワイヤ2極構造，3極構造とも，陽極が細いワイヤ形状のため，気体放電により発生したダスト状 CNT の大部分は陽極に捕集されずに電極周囲へと飛散する。ワイヤ2極構造では，陽極が捕集電極を兼ねているのに対し，3極構造の場合は，CNT 束の捕集電極が独立しているため，捕集に適したバイアス電圧の印加が可能であり，飛散した CNT 束の効率的な捕集が可能になる。

第1章　カーボンナノチューブの作製／成長

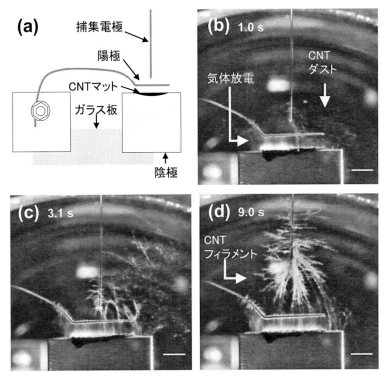

図4　3極構造を用いた気体放電によるCNTフィラメント形成
(a)電極構造の概略図，(b)-(d)気体放電開始からそれぞれ1.0 s，3.1 s，9.0 s経過後のCNTフィラメント形成の様子
スケールバー：2.0 mm
出典：H. Sato, M. Hiromura, *Vacuum*, **198**, 110877（2022）
図4(a)…上記論文のFig. 2(c)，図4(b)，(c)，(d)…上記論文のFig. 10(b)，(c)，(e)（一部改変）

捕集電極への印加電圧は，＋50 V程度が適しており，これより電圧が高くなると捕集効率が低下する[10]。

4.5　CNTフィラメントによる撚糸形成

　Wワイヤを用いた3電極構造により，CNTフィラメントの長尺化と大量生成が可能となった。これらのフィラメントを撚り合わせることで，撚糸を作製することができるが，3極構造でこれを行うのは難しい。そこで，図5(a)に示すような4極構造を考案した[11]。これは，基本的には前述の3極構造をベースとし，陰極，陽極，捕集電極および補助電極の4つの電極から成っている。補助電極は，3極構造では捕集電極として使用していたものであり，ここでは気体放電で発生したダスト状CNT束をより広範囲に飛散させる役割を持つ。そのため補助電極への印加電圧は＋100 Vと，捕集電極として使用する場合より高いバイアス電圧を印加する。捕集電極は，陽極ワイヤ（放電生成部分）およびCNTマットを貼付した陰極板の側面に対し平行になるように

カーボンナノチューブの研究開発と応用

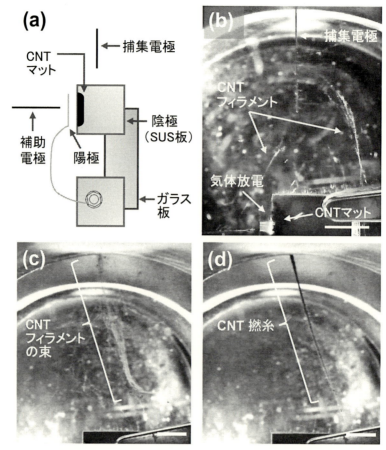

図5 4極構造を用いた気体放電によるCNTフィラメント形成と撚糸作製
(a)電極構造の概略図，(b)気体放電によりCNTフィラメントが形成される様子，(c)形成されたCNTフィラメントの束，(d)フィラメントの束を撚って形成したCNT撚糸（(c)を40回転させたもの）
スケールバー：5.0 mm
出典：H. Hayama and H. Sato, *Jpn. J. Appl. Phys.*, **62**, SA1010 (2023)
図5(a)…上記文献の Fig. 1(a)，図5(b)…上記文献の Fig. 4(b)，図5(c), (d)…上記文献の Fig. 6(a), (d)
（一部改変）

配置し，直線導入機により上下動および回転が可能になっている。捕集電極への印加電圧は，3極構造と同様に+50 V とした。

4極構造でCNTフィラメントを生成した例を図5(b), (c)に示す[11]。気体放電により，発生したダスト状CNT束は，電極の周囲に飛散し，やがて捕集電極に付着して長いCNTフィラメントを生成し，最終的にフィラメントは捕集電極と陰極の間を架橋するように生成される。補助電極が無い場合，発生したダスト状CNT束は捕集電極に向かう極めて速い流れを形成するが，捕集電極に付着するCNT束は少量で，長尺なフィラメントの形成効率は極めて低かった[11]。この結果から，気体放電により発生したダスト状CNT束は一旦広い範囲に飛散させ，減速させた後

第1章　カーボンナノチューブの作製／成長

に捕集電極で捕集することが，CNT フィラメント生成のうえで有効であることが分かった。

　十分な量の CNT フィラメントが生成された後に，捕集電極を回転させると，図 5(d)のような撚糸が作製できる[11]。装置の制約により，現状では作製できる撚糸の長さは数 cm のオーダーであり，またフィラメントを撚る際に必要な，フィラメントの固定が不十分なため，撚糸の強度も不十分であるが，今後これらの改善により，長く十分な強度の撚糸作製が期待できる。

4.6　気体放電により生成した CNT フィラメントの応用

　前項で示したとおり，CNT フィラメントを撚り合わせることで撚糸形成が可能であるため，CNT を用いた紡糸法として有望であると考えられる。CNT 紡糸については，既に活発に研究が進められており，ある程度技術も確立しているが，従来方法では，プロセスが複雑，紡糸に使用可能な CNT が限定されるなどの問題があった。一方で，CNT の大量合成技術もかなり確立されているが，これらにより合成された CNT を用いて紡績を行うことは困難であった。本方法は，CNT の種類を選ばず，どのような CNT でも実施可能であるため，CNT 紡糸のコスト低下，CNT 撚糸の多機能化などに寄与できるものと考えている。

　冒頭で紹介した，平行平板電極により生成した，細い 1 本の CNT フィラメントについては，雰囲気の圧力により抵抗値が変化することを確認している。これにより，小型の真空計などへの利用が考えられる。また様々な物質が吸着することでその電気特性が変化する可能性があり，各種センサ応用などを検討している。

文　　　献

1)　八坂保能，放電プラズマ工学，p. 58，森北出版（2007）
2)　R. Rosen *et al.*, *Appl. Phys. Lett.*, **76**, 1668（2000）
3)　A. Modi *et al.*, *Nature*, **424**, 171（2003）
4)　K. Yamamoto *et al.*, *e-Journal of Surf. Sci. Nanotech.*, **22**, 241（2024）
5)　Y. Saito *et al.*, *Carbon*, **38**, 169（2000）
6)　M. S. M. Saheed *et al.*, *Appl. Phys. Lett.*, **104**, 123105（2014）
7)　H. Sato *et al.*, *Appl. Phys. Lett.*, **110**, 033101（2017）
8)　Y. Mizushima *et al.*, *Jpn. J. Appl. Phys.*, **57**（2018）
9)　S. Funaki *et al.*, *Jpn. J. Appl. Phys.*, **58**, SAAE05（2019）
10)　H. Sato *et al.*, *Vacuum.*, **198**, 110877（2022）
11)　H. Hayama *et al.*, *Jpn. J. Appl. Phys.*, **62**（2023）

5 プラスチックからカーボンナノチューブへの変換技術

生野　孝[*]

　廃プラスチックを原料として多層カーボンナノチューブ（MWNT）を生成する技術を開発した。本研究では，廃プラスチックを熱分解し，生成ガスを化学気相成長法（CVD 法）により MWNT へ変換する手法を提案した。プラスチックの種類に応じて生成物の特性や収率が異なることを明らかにし，ポリエチレン，ポリプロピレン，ポリカーボネートを原料とした場合に高い収率を達成した。また，実際の廃プラスチックを用いた実験においても，異物の影響なく MWNT を生成できることを確認した。本技術は，廃プラスチックの高度リサイクルに向けた有望な手法である。

5.1　はじめに

　プラスチックは，軽量性，耐久性，加工の容易さといった特性から，パッケージング，建築，自動車，電気電子，農業，家庭用品，レジャー，スポーツなど幅広い分野で使用されており，1950 年から 2015 年までの世界の累積生産量は約 83 億トンに達し[1)]，地域別の生産量を見ると，アジアが 50.1%，ヨーロッパが 18.5%，北米が 17.7%，中東とアフリカが 7.1%，南米が 4 % を占める[2)]。ポリエチレン（PE），ポリプロピレン（PP），ポリ塩化ビニル（PVC），ポリエチレンテレフタレート（PET）など，用途に応じた多様なプラスチック材料が累積 25 億トン利用されており[3)]，46 億トンが廃棄され，7 億トンが焼却されてきた。そのうちリサイクルされたプラスチックは約 5 億トンのみである（図 1(a)）。

　廃プラスチックのリサイクルは，図 1(b)に示すように，ケミカルリサイクル，マテリアルリサイクル，そしてサーマルリサイクルがほとんどである。上述のように大量の廃プラスチックが環境負荷を増大させる中，それを有用な付加価値の高い物質へと変換する「アップサイクル」が注目を集めている[4)]。さまざまなアップサイクル技術があるなか，我々は，廃プラスチックをカーボンナノチューブ（CNT）へ変換することで，資源の有効活用と環境負荷軽減の両立を目指している。CNT は物理的・化学的に優れた物性を示すため，付加価値の高い，電子部品や構造材料などに使用することができる。

　CNT を化学気相成長法（CVD 法）によって成長させるには，炭化水素などの炭素源を高温で触媒金属微粒子と反応させる必要がある[5)]。廃プラスチックを炭素源とする場合，その熱分解（pyrolysis）プロセスを CVD 装置に組み込むことが求められる。これまでに報告されている主な手法として，単一温度炉（single-stage furnace），二段階温度炉（two-stage furnace），三段階温度炉（three-stage furnace）の 3 種類がある。単一温度炉を用いた手法では，例えば PP と

---

　* 　Takashi IKUNO　東京理科大学　先進工学部　電子システム工学科　准教授

第1章 カーボンナノチューブの作製／成長

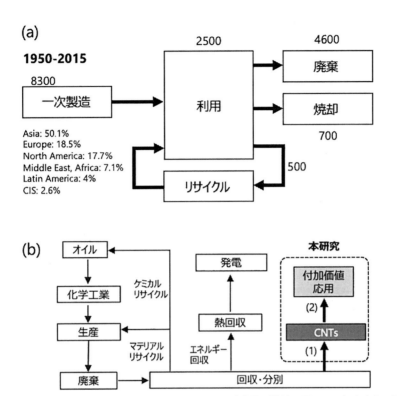

図1 プラスチックの製造・利用・廃棄・リサイクルの(a)量（数値は百万トン）と(b)スキーム

フェロセンを 700℃で 12 時間加熱することで，直径 20～60 nm の CNT を成長させた事例がある。この方法は生成物の 80%以上が CNT であるが，大量生産には適さず，長時間のプロセスが必要である。二段階温度炉では，低温でプラスチックを熱分解し，中温から高温で触媒金属上にCNT を成長させる手法が採用されている。しかし，収率や生成物の品質に課題が残る。三段階温度炉では，触媒微粒子の形成，プラスチックの熱分解，CNT の成長がそれぞれ異なる温度領域で行われる。この手法により高い成長レートが得られる一方で，触媒の活性低下が成長の制約となる。

　これら従来の手法には，いずれも収率や単位時間あたりの収量が低いという課題が共通している。そこで我々は，触媒微粒子とプラスチックを継続的に供給する新しいプロセスを開発し，収率向上を目指した。その結果，50%以上の収率を達成するとともに，種々のプラスチック原料から CNT を効率的に生成できることを確認した。また，プラスチックの種類に応じた収率の違いを明らかにし，実際の廃プラスチックを用いた MWNT（多層カーボンナノチューブ）への変換にも成功した。さらに，得られた MWNT を，3D プリンタを用いて立体造形物へ応用する可能性を示した。

　本稿では，環境負荷軽減と持続可能な資源利用の観点から，廃プラスチックの効率的なアップサイクル法の確立を目指した手法開発について紹介する。

41

5.2 変換方法

図2(a)に本研究で用いた変換手法のブロックダイヤグラムを示す。プラスチックの気化および触媒を気化するプロセスがナノカーボン成長プロセスに接続されている。本変換手法において，プラスチック分解ガスの質量分析と赤外分光により，ガス種の同定を行うことができる。また成長炉に導入したガスの流体シミュレーションをCOMSOL Multiphysics 6.0を用いて実施し，実験との比較を行うことができる。

図2(b)に本研究で用いたCVD装置の概略図を示す。内径36 mm，長さ600 mmの石英管内に，低温領域，中温領域，高温領域の3つの温度領域を構成した。それぞれの温度領域は，触媒金属微粒子の原料となる有機金属を昇華させるための領域，プラスチックを熱分解するための領域，そして，MWNTを成長させる領域に対応している。低温領域にフェロセン，中温領域にプラスチックを配置し，各領域はそれぞれ200℃，400～800℃，800℃に温度設定した。炉の上流からアルゴン（Ar）と水素（H_2, 3％）の混合ガスを300 sccm導入し，下流には突発的な圧力上昇を防ぐため自動圧力制御器を介しロータリーポンプで排気した。MWNTの成長中，炉内圧力は大気圧より約50 kPa減圧させた状態を保った。上流および下流の圧力，各領域の温度は，コンピュータによりモニタしながらフィードバックを行った。図1のSEM像に示すように，昇華したフェロセンは，成長部において平均直径約32 nmのFe微粒子になることを確認した。プラスチック種として，PE，PP，PET，PS，ABS，ポリイミド（PI），ポリ乳酸（PLA），そしてポリカーボネート（PC）を用いた。

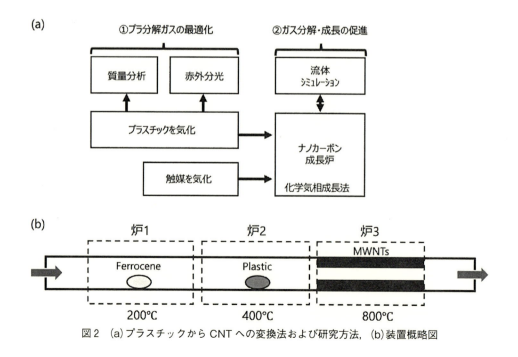

図2 (a)プラスチックからCNTへの変換法および研究方法，(b)装置概略図

第1章 カーボンナノチューブの作製/成長

5.3 結果と考察

図3に，PEを原料として作製したMWNTの典型的な走査電子顕微鏡（SEM）像および透過電子顕微鏡（TEM）像を示す。MWNTは比較的均一な形状を有しており，平均直径は約31 nm，平均長さは約6 μmであった。生成物の質量を投入プラスチック量で割った収率は約10.4%であった。TEM像の観察結果から，MWNT内には複数のFe微粒子が存在していることが確認された。また，ラマンスペクトルにおけるsp^2成分に起因するGバンドの強度I_Gと欠陥に起因するDバンドの強度I_Dとの比からCNTの結晶性を評価することができる。ラマンスペクトルにおけるI_G/I_D比は約1.4であり，MWNTの結晶性が良好であることが示唆された。

さらに，その他のプラスチック種についても同様の条件下で実験を行ったSEM像を図4に示す。PPを用いた場合PEと同程度のCNTが成長した。一方，PETやPLAを原料とした場合，生成物中のMWNTの量は少なく，生成物の多くは分岐したCNTや巨大な粒子を核としてグラ

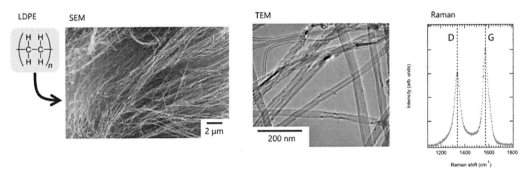

図3 PEから得られたMWNTのSEM像，TEM像，ラマンスペクトル

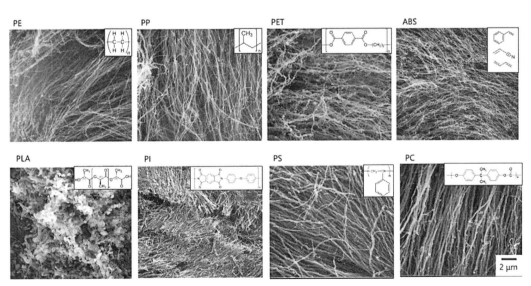

図4 各種プラスチックから得られたMWNTのSEM

ファイト層が被覆したカーボンオニオンで構成されていた。また，ABSやPIを用いた場合は直径が細く，PSやPCでは長く太いCNTが得られた。したがって，同一の触媒昇華条件および熱分解条件であるにもかかわらず，原料のプラスチック種によって生成物が異なる結果となった。この理由については，プラスチック内部に含まれる酸素量や窒素量の違い，またはプラスチックの融点が影響している可能性が考えられる。

図5に各種プラスチックから得られたCNTのラマンスペクトルを示す。全ての試料からGバンドとDバンドが得られ，典型的なMWNTのスペクトルであった。I_G/I_Dをまとめたところ，ABS，PI，PET，PCを原料としたMWNTは1前後と相対的に低いことがわかった。この理由として，分子に含まれるOやNがCVD成長中に酸素ガスや窒素ガスとなり，CNT成長を阻害するエッチャントとして振る舞う可能性がある。一方，PSの結晶性はもっとも高いことがわかった。

さらに，ガスの質量分析およびFTIR分析を実施し，プラスチック分解ガスの構成要素について調べた。結果を表1に示す。表1には得られたMWNTの平均直径および平均長さおよびラマンスペクトルから得たI_G/I_Dを示す。幾何学情報はSEM像を基に算出し，収率は生成物の質量を投入プラスチック量で割ることで評価した。これらの結果から，生成物の形状，サイズ，結晶性，収率がプラスチック種に依存していることが分かった。PEとPPを原料とした場合，MWNTの幾何学形状および収率にはほとんど差が見られなかった。この結果は，PEとPPの分子構造や融点が類似しているためと考えられる。一方で，PETおよびPLAを原料とした場

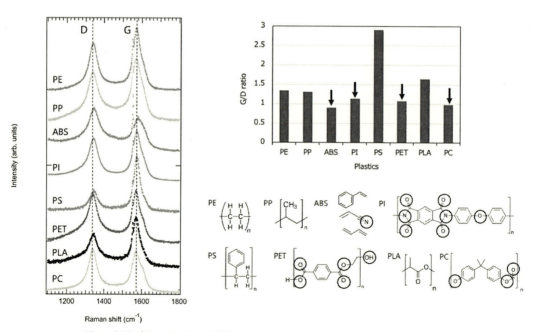

図5　各種プラスチックから得られたMWNTのラマンスペクトルおよびI_G/I_D

第1章 カーボンナノチューブの作製／成長

表1 各種プラスチックから得られたMWNTの幾何学情報，収率，結晶性，プラ分解時に生じるガスの諸情報

Plastics	L (μm)	D (nm)	Y (%)	G/D	CH_x	C-C	C-O	C=O	C-N	MS
PE	6	30.4	10.4	1.3	○	-	-	-	-	C_2H_4
PP	8	29.4	14.2	1.3	○	-	-	-	-	C_2H_4
PET	1.2	58.9	1.5	1.1	○	-	○	○	-	CH_4, C_2H_4, O_2, CO_2
PS	44	55.0	41.0	2.9	○	○	-	-	-	C_2H_4
ABS	4.5	13.3	46.0	0.9	○	○	-	-	-	C_2H_4
PI	1.6	13.0	6.8	1.1	-	-	-	-	-	C_2H_4
PLA	2	220	0.9	1.6	-	-	○	○	-	C_2H_4
PC	105	82	81.4	1.0	○	○	○	-	-	C_2H_4, CO_2

合，収率が極めて低かった。この理由として，PETやPLAの分子内に含まれる酸素が，MWNT成長中にエッチング作用を引き起こし，成長を阻害した可能性が挙げられる。また，PIの収率が低かった理由として，PIが他のプラスチックと比較して熱分解による炭素供給量が少なかった可能性が考えられる。一方で，PS，ABS，およびPCの場合，相対的に高い収率が得られた。この結果は，これらのプラスチック分子内に芳香環が含まれており，芳香環が熱分解後に安定な炭素源としてMWNTの成長に寄与した可能性を示唆している。

次に，COMSOLにより計算したCVD中のガスの流れについて示す。実際に用いた環状炉と石英管の幾何学形状および温度を設定したモデルを作成し，伝熱シミュレーション，流体シミュレーション，そして粒子追跡シミュレーションを練成した計算を行った。粒子追跡の際，計算に使用した物理を図6(a)に示す。粒子に対する複数の力（抗力，重力，熱泳動力，そしてレナードジョーンズポテンシャル）を考え，加熱部の上流に設置した粒子が10秒間に動く軌跡を計算した。その結果，図6(b)に示すように，粒子は環状炉の内外において継続的に回転場を作ることがわかった。

プラスチックを熱分解した際，ただちに低分子化するわけではなく，ランダムに結合が切れていくため，様々な分子量の炭化水素が形成される。その中には，肉眼で霧状に見える巨大微粒子も含まれる。これら多様な炭化水素をCNTの成長に資する低分子（CH_4やC_2H_4など）に高度分解することは単純な熱分解では難しい。しかし，今回実験でMWNTの収率が高いもので80%と高かった理由は，シミュレーションで明らかになったように微粒子が何度も高温部と低温部を行き来し，分解が徐々に進んだためだと考えられる。このような高度分解により，MWNTの成長収率が高くなったと考えられる。

基本的な成長メカニズムは一般的なCVDによる成長メカニズムとほぼ同じであると考えている。つまり，低温領域に配置したフェロセンは昇華し，キャリアガスによって下流へ輸送される。この過程で，中温領域を経ることで高温領域に到達し，Fe微粒子として析出される。並行して，中温領域に配置されたプラスチックは熱分解を起こし，ポリマーエアロゾル（クラスター）を生成する。このエアロゾルは，ポリマーの熱分解過程でランダムに分子結合が切断されるため，低

45

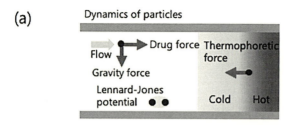

図6 有限要素法（COMSOL Multiphysics 6.0）による熱・流体シミュレーション

分子化した成分だけでなく，肉眼で確認できる煙状のエアロゾルも含まれる。これらの分解生成物はキャリアガスによって高温領域に輸送され，さらに低分子化が進行する。その中の一部はC1やC2の炭化水素ガスとなり，Fe微粒子と反応してMWNTを生成する。

　MWNTの成長は，Fe微粒子のサイズに依存する。Fe微粒子が非常に小さい場合，フローティングCVDモードが支配的となり，空間中でMWNTが成長する。一方，Fe微粒子がある程度大きい場合，重力の影響で石英管内壁に付着し，触媒CVDモードが支配的となり内壁から太いMWNTが成長する。

　これまでに検討したプラスチックはバージンプラスチックであったが，実際の廃プラスチックを用いてMWNTを生成する実験も行った。その一例として，沖縄の海岸に放置されていたPE製漁網を回収し，上記と同様の条件で処理を行った。この廃プラスチックには塩などの異物が付着していたが，問題なくMWNTを得ることができた（図7）。さらに，得られたMWNTを用い，樹脂との複合化による高強度プラスチック，センサ用配線材料[6,7]，光造形3Dプリンタを用いた立体構造物など，付加価値の高いプロダクトへのアップサイクルを実証できた。

5.4　まとめ

　本稿では，廃プラスチックを原料としたCNTの生成技術について検討し，その成果を報告した。廃プラスチックを熱分解して得られる生成ガスをCVD法により多層カーボンナノチューブ（MWNT）に変換する手法を開発した。この手法では，各温度領域を適切に最適化することで，

第1章　カーボンナノチューブの作製／成長

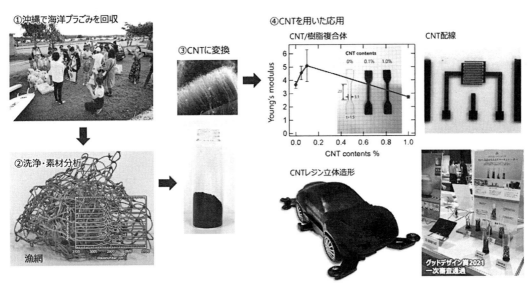

図7　廃プラから作製したMWNTとその応用例

収率や結晶性に優れたMWNTを効率的に生成できることを示した。また，プラスチックの種類に応じて生成物の特性や収率が異なることを明らかにし，特にPEやPPを原料とした場合に高い収率が得られる一方，PETやPLAでは酸素含有量が成長を阻害する可能性があることを示唆した。さらに，実際の廃プラスチックを用いた実験では，異物が付着した原料であってもCNTを生成できることを確認した。本技術は，廃プラスチックの高度なリサイクルや資源の有効活用に向けた有望な手法であり，環境負荷の軽減に大きく寄与する可能性がある。

文　　　献

1) D.-M. Sun *et al.*, *Nat. Commun.*, **4**, 2302 (2013)
2) M. Rana, S. Asim, B. Hao, S. Yang, P.-C. Ma, *Adv. Sustain. Syst.*, **1**, 1700022 (2017)
3) Y. Zou *et al.*, *Adv. Mater.*, **25**, 6050-6056 (2013)
4) P. Serra, A. Piqué, *Adv. Mater. Technol.*, **4**, 1800099 (2019)
5) G. Colucci, C. Beltrame, M. Giorcelli, A. Veca, C. Badini, *RSC Adv.*, **6**, 28522-28531 (2016)
6) H. Komatsu, T. Matsunami, Y. Sugita, T. Ikuno, *Sci. Rep.*, **13**, 2254 (2023)
7) R. Tagami, H. Komatsu, T. Matsunami, K. Takanashi, T. Ikuno, *Jpn. J. Appl. Phys*, in press (2024)

第2章　分離・分散と複合材料

1　糖鎖化学を利用したカーボンナノチューブの分散・分離技術

吉田和紘[*1]，野々口斐之[*2]

1.1　はじめに

　カーボンナノチューブ（CNT）は直径数 nm，長さ数 μm の高アスペクト比を持ち，炭素の sp^2 結合によって構成されている。これらの特徴は高い機械的強度，化学的安定性などを CNT に与える。またグラフェンシートが円筒状に巻かれた構造を持ち，この巻き方（カイラリティ）によって CNT は半導体的または金属的な電子構造をもつ。この構造由来の輸送特性を十二分に引き出すために CNT 単分散法やカイラリティ識別法が求められる。これまでに多くのカイラリティ選択的分散法が提案されているものの，依然としてスケーラビリティなどにおいて課題が残されている。また CNT の有機溶媒中への分散は発展途上であり，CNT の機能性材料応用の障害となっている。本稿では著者らが近年取り組んでいる有機溶媒中への CNT 分散，機械学習による溶媒構造因子の推定，高純度な半導体性 CNT 分散法の開発について紹介する。

1.2　カーボンナノチューブの分散について

　CNT はチューブ間に働く van der Waals 力によってバンドルを形成し，多くの溶媒にたいして不溶である。分散性向上を目指して様々な方法が検討されてきた[1]。分散法を大別すると物理的分散法，化学修飾分散法に分けられる（図1）。物理的分散法では一般的に CNT に対し超音波処理を施すことによって CNT のバンドルを解き，分散させる。この際に CNT へ吸着性を示す分散剤と一緒に処理することで，長時間安定な CNT の単分散が実現する。化学修飾分散法では CNT 表面に化学官能基を導入することで CNT-溶媒間の親和性が向上する。また官能基が立体障害として働くため，CNT 同士の van der Waals 力による凝集を防ぐ役割も果たす。しかし，この方法では同時に CNT 内の sp^2 結合が高頻度で切断される。CNT の π 共役構造が切断される，すなわち結晶性が低下することで電気伝導性など CNT の持つ特性が損なわれる。これらのことを考慮して用途に応じた分散方法を選択することが重要である。とくにカイラリティに由来する半導体性電子構造やその電子輸送性に着目する場合，CNT へ過度に欠陥が導入されない分散プロセスが望ましいと考えられる。

＊1　Kazuhiro YOSHIDA　京都工芸繊維大学　大学院工芸科学研究科　物質・材料化学専攻

＊2　Yoshiyuki NONOGUCHI　京都工芸繊維大学　材料化学系　准教授

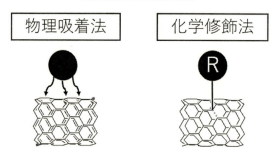

図1 CNTの分散方法の種類

1.2.1 水中へのカーボンナノチューブ分散

　水中へCNTを分散させる方法としてミセル可溶化剤を用いる方法がよく知られている（図2a）。低分子系の分散剤においてはドデシル硫酸ナトリウム（SDS）やドデシルベンゼン硫酸ナトリウム（SDBS）などがCNT分散剤として挙げられる。これら分散剤による可溶化のメカニズムとして，超音波照射によってバンドルが解けたCNTが，分散剤が形成するミセルの疎水性空間に取り込まれ，安定なコロイド分散が達成される。他にも多環芳香族基を有する化合物がCNTに対し強く吸着する性質を利用した可溶化剤が知られている。アントラセンやピレンをCNT吸着ユニットとして，アンモニウム塩を極性基として設計することでCNTの水中への可溶化を目指した研究もなされている[2]（図2b）。

1.2.2 有機溶媒中へのカーボンナノチューブ分散

　水系分散と比較して広く知られていないが，同様に分散剤を用いることで有機溶媒中へCNTを分散させることが出来る。過去にはメタノールやエタノールなどのアルコール類，ジクロロベンゼンなどの低極性溶媒へのCNT分散が報告されている[3〜6]。しかし，この分野は報告例が少なく，分散機構に未解明な部分が多くあり，水中分散と比べて十分な体系化が為されていない。著者らは有機溶媒系における分散剤設計を構築し，様々な有機溶媒と樹脂系分散剤の効果を検討した[7]。分散剤-CNT複合体の有機溶媒に対する溶解性パラメータは非常に複雑であり，実験的

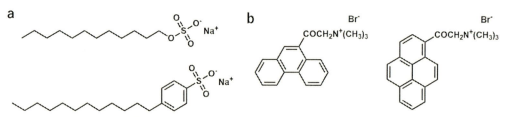

図2 a) 代表的なミセル可溶化剤（上からSDS，SDBS），b) CNTに対し吸着性を示すアンモニウムブロマイドを持つ多環芳香族

第2章　分離・分散と複合材料

に明らかにしていくのは膨大な時間が必要であった。そこで統計学に基づいた機械学習によるアプローチを採用した。分散剤にエチルセルロースを選択し81種類の有機溶媒への分散性を調べた。物質は自身と似たものを溶かす性質があるため，溶媒検討から溶質である分散剤-CNT複合体の特性が類推できると考えられる。分散性については吸光スペクトルにより評価し，分散量と比例関係にある特定波長の吸光度を実測の濃度パラメータとした。予測に用いる溶媒記述子としては，機械学習のツールキットが提供するデータベースや簡易計算ソフトウェアから得られる物理化学パラメータを用いた。計算の詳細は原著論文に任せるが，①単純なパラメータのみの線形回帰，②交差項の導入，③逆関数の導入の順にモデルの複雑さを段階的に増やし，遺伝的アルゴリズムベース部分最小二乗法によりできるだけ少ない変数でモデル構築を検討した（図3a）。Leave-one-out交差検定を用い，良好な決定係数 R^2 を維持しつつ相関係数を基に，73種の記述子から17種まで絞り込んだ（図3b）。機械学習によって推定された支配的なパラメータには，表面エネルギー，表面積，水素結合性，溶媒分子の極性や形状因子が含まれていた。これらのパラメータは物質への溶媒和に大きく関係しており，溶質である分散剤-CNT複合体の特徴を示し

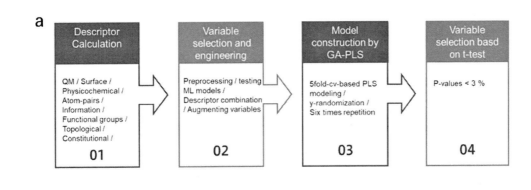

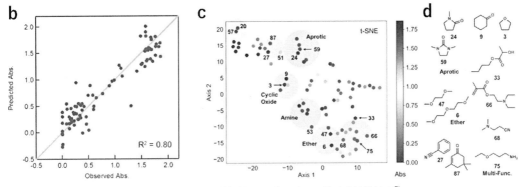

図3　多変量解析と遺伝的アルゴリズムに基づく特徴抽出[7]
a) 記述子の計算，変数の増強，遺伝的アルゴリズムに基づく部分最小二乗法（GA-PLS）の変数選択，p値検定による段階的選択を含む特徴抽出のブロックチャート。b) 1200 nmにおけるCNTの吸光度（Abs）の観測値と予測値の交差検定解析。c) t-SNEによる次元抑制後の2次元記述子空間。d) 記述子空間における典型的な良溶媒の分子構造。図は文献7から許諾を得て改変したものを掲載した。

ていると考えられる。さらに，特徴量の重要性を俯瞰することで溶媒の極性や水素結合性などの分散剤と溶媒の相互作用，溶媒分子の HOMO 準位といった CNT と溶媒の相互作用が寄与することが示唆された。有機溶媒系においては，分散剤と溶媒の親和性だけでなく，溶媒と CNT 表面の相互作用も考慮した分散剤設計が必要と考えられる。

また，t 分布型確率的近傍埋め込み法（t-SNE 法）を用いて抽出した 17 個のパラメータの次元を圧縮し，二次元マップを作成した（図 3c）。その結果，相互作用に基づくストライクゾーンが複数存在することが分かった。このマップでは，近接するプロットは類似した相互作用を示す溶媒の組み合わせを表していると考えられ，類似した構造を持つ溶媒だけでなく，全く異なる構造を持つ溶媒同士が類似した相互作用を介して分散剤-CNT 複合体の良媒体となると推定されている。さらに興味深いことに本研究では一か所の官能基の位置が異なるだけで良溶媒か貧溶媒か分かれる例がある（図 3d）。数多の溶媒や分散剤の中から適切な組み合わせを考える場合，官能基の違いなど溶媒分子の構造に焦点を当てることが従来手法の一つとして挙げられるが，実際の分子間相互作用や電子移動などの物理化学現象に立脚して適切な溶媒-分散剤-溶質の組み合わせが決定されると考えられる。

1.3　カーボンナノチューブの構造選択的分散

CNT はグラフェンシートの巻き方（カイラリティ）によって半導体性・金属性どちらかの電子構造をもつ。このため，金属性・半導体性 CNT の選択的分散法の開発に過去 20 年ほど関心が集まっていた。特に半導体性 CNT はシリコン材料を置き換える次世代半導体材料として期待されており，半導体性 CNT の選択的分散法は今後ますます重要となる。半導体材料の性能指標であるキャリア移動度を従来の材料と比較すると，シリコンの約 $1500\,cm^2/Vs$ に対して半導体性 CNT をチャネルに用いた電界効果トランジスタでは約 $1850\,cm^2/Vs$ を達成している[8]。また，トランジスタのチャネル材料として CNT を用いることで理論上チャネルサイズを $2\,nm$ にまで小さくすることが出来るためより高密度に集積された回路の開発が可能である[9]。さらには熱電変換材料として化学ドーピングを施された半導体性 CNT は $700\,\mu Wm^{-1}K^{-2}$ のパワーファクターを記録しており無機材料に迫る勢いである[10]。しかし，半導体材料としてこれだけの優位性を持ちながら現在に至るまで半導体性 CNT の普及には至っていない。大きく考えられる理由として，従来の分離プロセスでは CNT の結晶性や長さの担保などの高品質化が難しいこと，大量の高純度半導体性 CNT 調製方法が未だ開発されていないことが原因として考えられる。トランジスタなど半導体材料としての運用を想定する場合，工業スケールでの生産に加え，半導体性 CNT の均一性の担保や非常に高純度な半導体性 CNT（99.9999%）を要求される[11]。そのためこれら課題を克服した高純度半導体性 CNT 分散法の開発が未だ待たれている。

1.3.1　水系における半導体性カーボンナノチューブ分散法

水系における CNT 構造選択的分散法ではバイオ系分野の精製技術としてよく知られている密度勾配超遠心法（DGU 法）やゲルカラムクロマトグラフィー法，水系二相分離法などの検討が

第2章 分離・分散と複合材料

進められてきた。DGU 法は密度勾配を形成して試料の沈降速度の差を拡大させ，遠心分離によって分離させる方法である[12]。界面活性剤などの分散剤によって分散した CNT 分散液を試料とし，DGU 法を行うことで半導体性 CNT を選択的に得ることが出来る。この方法は金属性 CNT と半導体性 CNT で分散剤の吸着性が異なるために生じる沈降速度の差を利用することで金属性 CNT と半導体性 CNT の分離を実現している（図4a）。ゲルカラムクロマトグラフィー法は金属性・半導体性 CNT のゲル吸着性の違いを利用した分散法である[13]。CNT に対し吸着性を示すことで知られている界面活性剤であるドデシル硫酸ナトリウム（SDS）を用いて水中に孤立分散し，アガロースゲルのビーズを充填したカラムに調製した CNT 分散液を添加したとき，半導体性 CNT が選択的にゲルに吸着し，金属性 CNT は吸着せずに流出する。ゲルに吸着した半導体性 CNT はデオキシコール酸ナトリウム（DOC）水溶液を流し溶出させることで得ることが出来る（図4b）。またこの方法を発展させたセファクリルゲルを用いた多段階カラムにより，ほぼ単一構造のカイラリティの CNT に分離するという手法が報告されている[14]。水系二相分離法はデキストラン相に金属性 CNT が，ポリエチレングリコール（PEG）相に半導体性カーボンナノチューブが自発的に分かれていくという方法である[15]。この方法は PEG とデキストランに対する金属性・半導体性 CNT の親和性がそれぞれ異なることを利用している（図4c）。現在ま

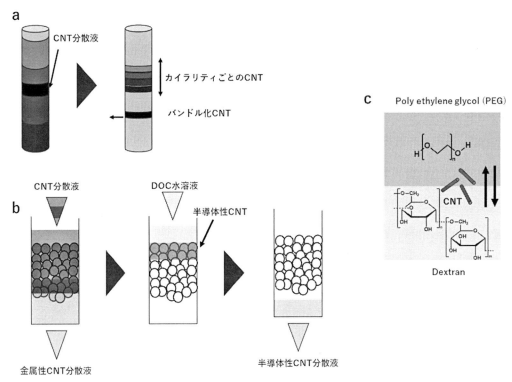

図4　水系における半導体性 CNT 分散方法
a) DGU 法，b) カラムクロマトグラフィー法，c) 水系二相分離法

でのところ，DGU 法やゲルカラムクロマトグラフィー法は非常に強力な条件での超音波処理・遠心分離を施しており，CNT の結晶性や長さなど品質を担保するのが難しい。吸着や分配などの化学平衡を利用するため超遠心などを用いてある程度の長さ分布に収めた CNT を用いることが分離度の観点からは望ましいと考えられる。この場合バンドル形成体や長尺 CNT が含まれていると分取物に不要物も含まれるようになる。また水系二相分離法ではデキストランや PEG の濃度の精密な制御，用いられる試薬が比較的高価であるなど，スケーラビリティの観点においても課題がある。そのため，より高品質な半導体性 CNT を大規模に生産できる手法の開発が喫緊の課題となっている。

1.3.2 導電性高分子による半導体性カーボンナノチューブの選択的分散

上述した密度勾配超遠心法，ゲルカラムクロマトグラフィー法，水系二相分離法では水系であるのに対し，導電性高分子を分散剤として用いるポリマーラッピング法が 2007 年以降，広く検討されてきた。この方法ではワンステップの超音波照射にて有機溶媒中へ半導体性 CNT を構造選択的に分散させることができる（図5）。ポリマーラッピング法の代表的な分散剤として，ポリフルオレン誘導体などが挙げられる[16]。分散剤である導電性高分子は半導体性 CNT と金属性 CNT に吸着するが，双方の複合体の分極率差を利用することで低誘電率溶媒に半導体性 CNT を選択的に分散させることができるとされている。水系での半導体性 CNT 分散と比較すると超音波出力や遠心分離条件を抑えることが出来るため，高品質な半導体性 CNT を高純度に分散させることができ，トランジスタへの応用や発光特性の検討に用いられてきた[17]。しかし，この分散法は溶媒の誘電率が選択性に大きく関わっているため，トルエンなどの低極性溶媒に限定的である。その他にも過剰な量の分散剤を用いると CNT 構造選択性が低下するという報告もある[18]。分散剤である導電性高分子の利用コストが大きいが，最近では超分子ポリマー型など分解回収と再利用を可能とする選択的分散剤が提案されている[19,20]。本手法は 2025 年現在でもカイラリティ選択性や高純度化，またデバイス応用の観点で広く検討が進められている。

1.3.3 アルキルセルロースによる半導体性カーボンナノチューブの選択的分散

著者らは最近，アルキルセルロースによる半導体性 CNT 分散法を開発した[21]。本手法は導電性高分子法と同様にワンステップで，十分な純度・収量の半導体性 CNT を分散させることが出来る上に分散剤が天然由来であり枯渇の心配が少ない。はじめにアルキルセルロースの側鎖長や分散剤濃度が半導体性 CNT 分散結果に与える影響について調べたところ，中程度のアルキル鎖

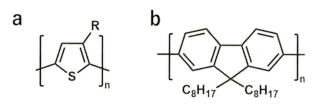

図5　導電性高分子法における代表的な分散剤
a) Poly (3-alkylthiophene) と b) Poly (9,9-dioctylfluorenyl-2,7-diyl)

第2章 分離・分散と複合材料

長（エチル，ブチル，ヘキシル）のエーテル置換を施したセルロース誘導体にて良好な半導体性CNT抽出能が見出された（図6aおよび6b）。吸収スペクトル，IRスペクトル[22]によって抽出能を評価したところ，エチル，ブチル，ヘキシル置換セルロースを用いた分散液は紫外可視近赤外吸収スペクトルから約1800 nm付近と約1000 nm付近にそれぞれ半導体性CNT由来の光学遷移を示し，700〜800 nmの金属性CNT由来の光学遷移はほとんどみられなかった。またドデシルセルロースによる抽出液では高い分散能は認められなかった（図6b）。それぞれの分散液の吸収スペクトルの1000 nm付近の半導体性CNT由来の吸収ピークの面積と半導体性・金属性CNTのバックグラウンド面積から半導体性CNTの純度に対応する吸光度割合を算出したところ，ヘキシルまでは側鎖長に比例して純度が高くなった（図6c）。次に分散剤濃度が純度と収量に与える影響についてエチルセルロースとヘキシルセルロースで比較した。エチルセルロース分散液では分散剤濃度を増加させることでCNT分散量は増えるものの，金属性CNTの分散量も同時に顕著に増加した。ヘキシルセルロース分散液ではエチルセルロース分散液と同じく純度と収率の間にトレードオフは見られるもの高純度・高収量側にシフトした（図6d）。以上の結果からアルキルセルロースに半導体性CNT選択的分散能があることに加え，半導体性CNT分散に

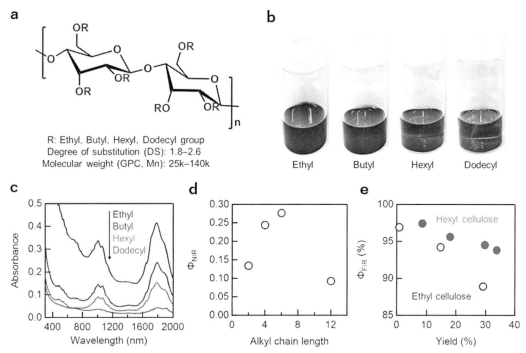

図6 a) アルキルセルロースの分子構造，b) 各アルキルセルロースから得られた分散液，c) 0.25 w/v% アルキルセルロースを使用して調製したCNT溶液の吸収スペクトル，d) 吸収スペクトルによって評価された半導体性CNT純度のアルキル基依存性，e) エチルセルロースおよびヘキシルセルロースを用いた半導体性CNT抽出における収率および純度の関係
図は文献21から許諾を得て改変したものを掲載した。

おいてアルキルセルロース側鎖依存性があることが明らかとなった。

　本手法は従来法と比べて安価であるセルロース誘導体を分散剤として用いている点，CNT の構造選択的分散と可溶化を同時にかつ簡便に行える点において優れた半導体性 CNT 分散法であると言える。従来法はコストやスケーラビリティに課題があったが，環境資源由来であるアルキルセルロースによる CNT の選択的分散法の発見は半導体性 CNT 普及への大きな一歩であると言える。現時点で本手法においてもいくつか課題が残されており，適用範囲が直径 1.2 nm～1.4 nm 程度の CNT であること，また脱水溶媒が必須であることなどが本手法の制限要因として挙げられる。後者に関しては微量の水分の混入によって金属性 CNT が分散することが確認されている。これはセルロースが関与する疎水性相互作用が分散機構に影響を与えることを示唆している。工学の立場では，大気中に含まれる水分が純度に影響するため，抽出環境の整備が必要である。今後は以上の課題を解決するために，本手法のメカニズムの解明に加え，ロバスト性を備えた分散剤の設計が待たれる。

1.4　おわりに

　CNT 分散法に関する従来研究を紹介するとともに，著者らが最近見出したセルロース系材料による CNT 分散，さらには半導体性 CNT 選択的分散を紹介した。とくに後者は可溶化と半導体性・金属性 CNT の分離を同時にできる上に，セルロース系樹脂を半導体性 CNT の選択的分散剤とすることでコスト面の課題解決に貢献するものと考えている。またこの分離・抽出過程はセルロースと CNT の疎水性相互作用による吸着の関与が実験結果から示唆されており，導電性高分子ラッピング法とは異なる分散機構に基づいている可能性がある。本稿によりナノカーボンの有機溶媒中でのコロイド分散技術が知られ，また本稿の知見が新たな分散剤や半導体性 CNT の普及の一助となれば幸いである。

　本稿の執筆にあたり，機械学習による特徴量抽出は宮尾知幸博士（奈良先端科学技術大学院大学）のご尽力によるものである。宮尾博士に深く感謝申し上げる。

文　　　献

1)　中嶋直敏，藤ヶ谷剛彦，カーボンナノチューブ・グラフェン，共立出版 (2012)
2)　N. Nakashima *et al.*, *Chem. Lett.*, **31**, 638-639 (2002)
3)　H. Murakami *et al.*, *Chem. Phys. Lett.*, **378**, 481 (2003)
4)　Y. Kim *et al.*, *Appl. Phys. Express*, **6**, 025101 (2013)
5)　H. Jintoku *et al.*, *RSC. Adv.*, **8**, 11186-11190 (2018)
6)　G. Mazzotta *et al.*, *ACS Appl. Mater. Interfaces*, **11**, 1185-1191 (2019)

第 2 章　分離・分散と複合材料

7)　Y. Nonoguchi *et al., Adv. Mater. Interfaces,* **9**, 2101723（2022）

8)　Y. Lin *et al., Adv. Funct. Mater.,* **32**, 2104539（2022）

9)　L. Xu *et al., ACS Appl. Mater. Interfaces,* **13**, 31957-31967（2021）

10)　B. A. Macleod *et al., Energy Environ. Sci.,* **10**, 2168-2179（2017）

11)　A. D. Franklin, *Nature,* **498**, 443-444（2013）

12)　M. S. Arnold *et al., Nat. Nanotechnol.,* **1**, 60-65（2006）

13)　T. Tanaka *et al., Appl. Phys. Express,* **2**, 125002（2009）

14)　H. Liu *et al., Nat. Commun.,* **2**, 309（2011）

15)　C. Y. Khripin *et al., J. Am. Chem. Soc.,* **135**, 6822-6825（2013）

16)　A. Nish *et al., Nat. Nanotechnol.,* **2**, 640-646（2007）

17)　H. W. Lee *et al., Nat. Commun.,* **2,** 541（2011）

18)　J. Ding *et al., Nanoscale,* **6**, 2328-2339（2014）

19)　F. Toshimitsu *et al., Nat. Commun.,* **5**, 5041（2014）

20)　T. Lei *et al., J. Am. Chem. Soc.,* **138**, 802-805（2016）

21)　T. Yagi *et al., J. Am. Chem. Soc.,* **146**, 20913-20918（2024）

22)　J. Komoto *et al., Appl. Phys. Lett.,* **118**, 261904（2021）

2 カーボンナノチューブの液中解繊と分散液の評価技術

小橋和文*

2.1 はじめに

ナノ材料の中で繊維状物質であるカーボンナノチューブ（CNT）は，合成直後は粉体であり，その粉体は無数の CNT が集合した粒子からなる。近年，市販品として多種類の CNT 粉体が世界中で活用されるようになった[1,2]。これら CNT 粉体がどのようなナノ材料か特徴を挙げる場合，1 本の構造（直径，長さ，比表面積等）がしばしば言及されるが，複数本が集合して形成される CNT 粉体の構造はさほど言及されない。一方，多くの社会実装研究において，CNT 粉体は出発材料となり分散工程を経て分散液が得られる。分散液から製造された CNT 膜，糸，複合材料等の部材では CNT は 1 本ではなく，複数本からなる集合体として活用されている。ここで CNT 粉体について着目すべき点は，数 μm～数 mm 程度のサイズ分布のある粒子が集まった粉ということである。したがって，製品開発の工程で分散が行われると，このサイズ分布に応じた CNT 分散液が得られることになる。

これまで大学，公的研究機関，民間企業で CNT の分散に関する研究開発が行われてきたが，分散の評価と制御が容易でなく社会実装の課題となっている。その主な原因として二つが考えられ，一つは分散が CNT の品質低下を伴うプロセスであること，もう一つは CNT が 1 本あるいは複数本の集合体として存在し粒子サイズに広い分布が生じることにある。例えば，CNT の品質を保つため分散条件（濃度，出力，時間等）を軽度にすると，CNT 粉体に含まれる粗大な粒子が分散されずに残ってしまう。一方，CNT を 1 本 1 本に均一に分散すると分散条件が重度になり CNT の損傷，切断が起こって品質が低下してしまう。このような分散を行うと粒子サイズと品質に広い分布が生じ，評価を行うにも一つの手法では十分でなく，複数の手法による多角的な分析，解析が必要となる。

我々は CNT 社会実装の共通基盤として，CNT 粉体を高粘度液中で品質を保ちながら解繊し，粒子サイズ分布を狭くするプレ分散技術を開発してきた[3]。また，プレ分散および本分散で高品質の CNT 集合体を作り出し，CNT 複数本からなる網目状の集合体を膜やゴム複合材料で活用することを提案している[3~13]。CNT の特性が十分に発揮された製品を作り出すためには，品質を保ちながら部材の中で CNT 複数本からなる構造を制御することが重要である。本項目ではイオン液体溶剤法での再生セルロース繊維製造工程に CNT 分散液を組み込み，繊維の強度を保ちながら伸度，タフネスが向上した研究事例を紹介する[14]。

---

* Kazufumi KOBASHI （国研)産業技術総合研究所 ナノカーボンデバイス研究センター 研究チーム長

第 2 章　分離・分散と複合材料

2.2　CNT 複合セルロース繊維の研究開発の背景

　自動運転技術が搭載された自動車の安全性を確保するため，近年，ランフラットタイヤの導入が求められている。ランフラットタイヤとはパンクした後でも一定速度で一定距離を走行できるタイヤである。タイヤの骨格を形成するカーカスに使用されるタイヤコードは，通常のタイヤでは主にポリエステル，ナイロン等の繊維が使用され，ランフラットタイヤでは伸度とタフネスが十分にあり耐熱性に優れる再生セルロース繊維（高強度レーヨン）が広く使われている[15,16]。

　しかしながら，再生セルロース繊維である高強度レーヨンの製造には，環境への影響が懸念される二硫化炭素が溶解のために使用されている[17]。そこで二硫化炭素の代わりにリサイクル可能な環境調和型の溶剤を用いた研究が行われ，強度の高い再生セルロース繊維が作り出されてきたが，レーヨンの代替としては伸度とタフネスが十分ではない。このような背景から，再生セルロース繊維に CNT をナノ補強材として複合し，繊維の伸度とタフネスの向上に取り組んだ研究開発が行われた[14]。

2.3　CNT 複合セルロース繊維の原料および製造方法

　環境調和型の溶剤であるイオン液体は，再生セルロース繊維の原料であるパルプを溶解できるとともに，CNT を良好に分散できることが知られている（図 1）。また，イオン液体は室温で粘度が高く，CNT 粉体の品質を保ちながら分散するのに適している[3]。ただし，CNT 粉体は複数本から構成されるバンドル構造が複雑に集まっているため（図 2），用途に応じて分散処理を行い，バンドル構造を制御することが望ましい。

　CNT 複合セルロース繊維の製造方法を図 3 に示す。直径が 3 nm の単層 CNT の粉体を出発材料としてイオン液体中でビーズミルにより分散処理を行うと，液中で数百 nm 程度の幅をもつ

イオン液体
1-Butyl-3-methylimidazolium chloride

セルロースパルプ（重合度 630）

再生セルロース繊維の原料

単層CNT粉体（Zeonano SG101）

ナノ補強材

　図 1　再生セルロース繊維の原料となるセルロースパルプ，ナノ補強材となる単層 CNT 粉体，これらを溶解，分散するイオン液体の外観写真

59

カーボンナノチューブの研究開発と応用

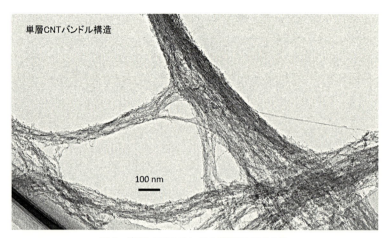

図2　単層CNTバンドル構造のTEM像

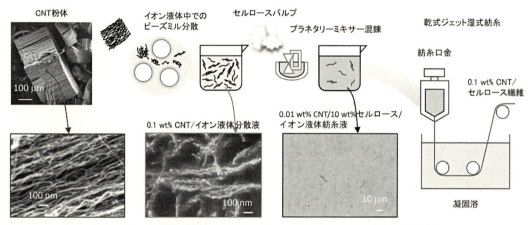

図3　イオン液体溶剤を用いた0.1 wt%CNT添加セルロース繊維の製造方法

CNTバンドル構造体を形成できる。このCNT分散液にセルロースパルプをプラネタリーミキサーで溶解すると，CNTバンドル構造体が均一に分布した紡糸液が得られる。イオン液体を溶剤とした紡糸液を用いて乾式ジェット湿式紡糸を行うと，CNT未添加では白色の再生セルロース繊維が得られ，0.1 wt%CNT添加では灰色の繊維を作製できる（図4）。

2.4　イオン液体分散液およびセルロース繊維に含まれるCNTバンドル構造体の評価

CNT複合セルロース繊維の内部を観察した光学顕微鏡写真とSEM像を図5に示す。糸内部にはCNT分散液および紡糸液に含まれたCNTバンドル構造体が均一に分布していることが分かる。Arイオンミリング加工した繊維の縦割り断面をSEM観察すると，幅が数十〜200 nm，長さが数μmのCNTバンドル構造体が繊維の長さ方向に配向して埋め込まれていた。また，Arイオンミリング加工した繊維の横断面には，CNTバンドル構造体が一様に分布していた（図6）。

第 2 章　分離・分散と複合材料

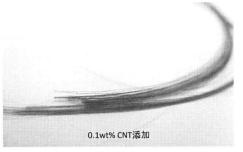

図4　イオン液体溶剤を用いて作製した CNT 未添加（左）および 0.1 wt%CNT 添加（右）セルロース繊維の外観写真

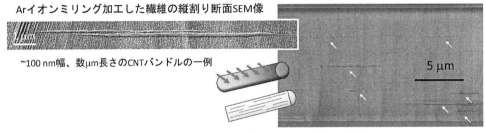

図5　0.2 wt%CNT 添加セルロース繊維内部の観察
繊維側面の透過方式光学顕微鏡写真（上），Ar イオンミリング加工した繊維の縦割り断面 SEM 像（下）

ここではバンドル構造体が観察しやすい CNT 添加量が 0.2 wt% のセルロース複合繊維を示している。

　幅が数十〜200 nm，長さが数 μm の CNT バンドル構造体を繊維の長さ方向に配向させて均一に分布できると，セルロース繊維の機械特性が向上する。繊維の伸度と強度の関係を表す引張試験カーブを図7に示す。わずか 0.1 wt% の CNT 添加によって，セルロース繊維の強度を保ちながら，伸度を 34%，タフネスを 39% 増大することができる。タフネスは材料を破壊するために必要なエネルギーであり，引張試験カーブの伸度と強度の積分で表される。

　一般に材料に補強材を複合すると強度と弾性率が向上するが，伸度とタフネスが低下してしま

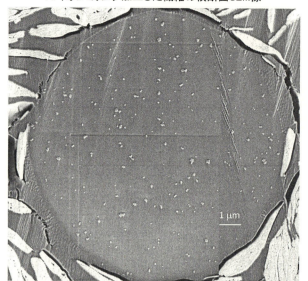

図6　0.2 wt%CNT 添加セルロース繊維内部の観察
Ar イオンミリング加工した繊維の横断面 SEM 像

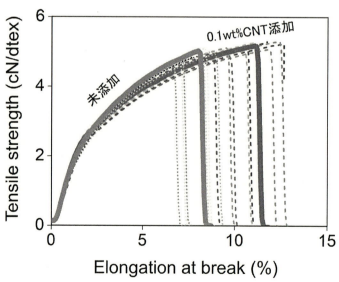

図7　CNT 未添加および 0.1 wt%CNT 添加セルロース繊維の引張試験（伸度と強度の関係）
太線は未添加および添加の平均的なデータ（各 15 回測定）で，点線は未添加の 14 測定，破線は添加の 14 測定のデータ

第2章　分離・分散と複合材料

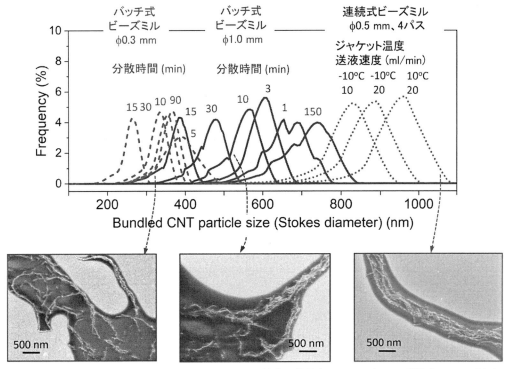

図8　種々の分散条件で作製した0.1 wt%CNTイオン液体分散液中のCNTバンドル構造体のサイズ分布（遠心沈降による一様沈降法測定）とそれら分散液のSEM像

う。一方，可塑剤は材料を柔らかくし伸度とタフネスを増加させるが，強度と弾性率が下がってしまう。このように材料に他成分を添加して機械特性を改良する場合，強度とタフネスは相反することが知られている。

　CNTはセルロースよりも高い強度を持つため，セルロースに添加すると得られる複合材の高強度化が期待できる。これまでCNTを含めた様々な補強材や機能付与剤を添加したセルロース繊維が研究されており，機械特性は強度と弾性率を中心に評価がなされている。一方，高強度化ではなく，強度を保ちながら伸度とタフネスが向上する図7のような補強効果は報告例がほとんどなく興味深い結果である。

　このような補強効果が発現するCNTバンドル構造体を探索するために，バッチ式および連続式ビーズミルを用いて種々の分散条件（ビーズ径，分散時間等）でCNTイオン液体分散液が作製された。分散液に含まれるCNTバンドル構造体のサイズを遠心沈降法で測定し，ストークス径（試料と同じ沈降速度，密度をもつ球形粒子の直径）で表した結果を図8に示す。分散条件に応じてCNTバンドル構造体のストークス径が100～1100 nmの範囲で異なることが分かり，それぞれの分散液で狭いストークス径分布に制御が可能である。これらの分散液に含まれるイオン液体で濡れたCNTバンドル構造体はSEM観察ができ（図8），バンドル構造体の幅とストーク

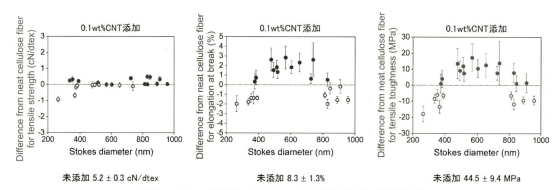

図9 セルロース繊維への0.1 wt%CNT添加効果（機械特性）
0.1 wt%CNTイオン液体分散液中のCNTバンドル構造体のサイズ（ストークス径）に対する繊維の引張強度（左），伸度（真中），タフネス（右）の変化

ス径に相関があることが見出された。また，分散液から取り出したCNTの品質をラマン分光法で評価すると，いずれの分散液でもCNT粉体と比べG/D比の低下はさほど見られない。

ここではビーズミルで作製したイオン液体分散液を示したが，他の分散機ではCNT粉体に含まれる粗大な粒子が残る場合があった。その分散液をフロー型画像解析法で測定すると，粒子サイズが大きく（ISO円相当径＞50 μm），粒子輝度の低い粗大な粒子が含まれていて粒子サイズ分布が広いことを確認できる。粗大粒子を含む分散液を使用して紡糸を行うと糸切れが起こりやすく，繊維の伸度とタフネスの向上は見られない。一方，粗大粒子が残らないよう分散条件（出力，時間等）を重度にすると，CNTの品質が低下してしまう。CNT粉体の品質を保ちやすい高粘度の溶剤であっても，分散を長時間続けると品質は低下するため[3]，用途に応じて適した分散処理を選択し，粒子サイズ分布を狭くすることが望ましい。

これらの評価から得たCNT分散液の知見は，CNT複合セルロース繊維の機械特性向上に活かすことができる。CNT分散液のストークス径を横軸にして繊維の機械特性を縦軸とし，ストークス径に対する繊維の機械特性の相関を調べた結果を図9に示す。ストークス径は繊維の強度にはあまり相関が見られないが（図9左），伸度またはタフネスには相関が見られる（図9真中，右）。ストークス径が400～800 nmの範囲では0.1 wt%CNT添加によってセルロース繊維の伸度とタフネスが向上することが分かる。すなわちCNT分散液に含まれるバンドル構造体のストークス径を制御すると，セルロース繊維の強度を保ったまま伸度とタフネスを向上できる。

2.5 CNT複合セルロース繊維の構造モデル

CNTとセルロースの構造解析，および再生セルロース繊維構造の文献情報を基に描かれた構造モデルを図10に示す。繊維断面中でCNTバンドルの幅をセルロース繊維の中間階層構造であるミクロフィブリルと同程度（～100 nm）に制御すると，セルロース繊維が伸びやすくなりタフネスが向上する補強効果が表れた。繊維の伸度が向上したのは，セルロース繊維質の構造で

第 2 章　分離・分散と複合材料

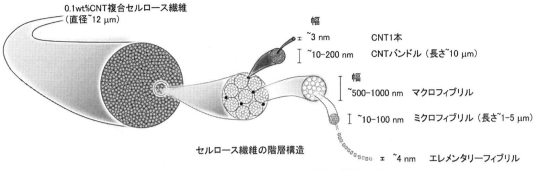

図 10　0.1 wt%CNT 複合セルロース繊維の構造モデル

提案されているミクロフィブリル間で生じる水素結合の切断と再結合による滑りとともに，CNTとミクロフィブリルの疎水性表面どうしの滑りが生じたためと推定される。

2.6　おわりに

　CNT複合セルロース繊維の研究事例を挙げて，CNTの液中解繊と分散液の評価技術について紹介した。イオン液体等の粘度の高い溶剤を用いて分散を行い，CNTの品質を保ちながら複数本からなるバンドル構造体を活用できると，CNTの特性が発揮された部材開発への近道となるだろう。CNTの社会実装研究において，多種類のCNT粉体が利用できるため，それぞれに適した分散の評価と制御が行われ，用途がさらに広がっていくことを期待したい。

文　　献

1) K. Kobashi *et al., ACS Appl. Nano Mater.*, **2**, 4043 (2019)
2) "The Global Market for Carbon Nanotubes 2024-2034, Markets, applications, production, products and producers", pp 23-41, Future Markets, Inc. (2024)
3) K. Kobashi *et al., ACS Appl. Nano Mater.*, **3**, 1391 (2020)
4) S. Ata *et al., Nano Lett.*, **12**, 2710 (2012)
5) K. Kobashi *et al., Chem. Sci.*, **4**, 727 (2013)
6) H. Yoon *et al., Sci. Rep.*, **4**, 3907 (2014)
7) Y. Imai *et al., Mater. Chem. Phys.*, **148**, 1178 (2014)
8) K. U. Laszczyk *et al., Adv. Energy Mater.*, **5**, 1500741 (2015)
9) A. Sekiguchi *et al., Nano Lett.*, **15**, 5716 (2015)
10) S. Ata *et al., Polymer*, **119**, 112 (2017)
11) S. Ata *et al., Adv. Eng. Mater.*, **19**, 1600596 (2017)

カーボンナノチューブの研究開発と応用

12) K. Kobashi *et al.*, *Compos. Sci. Technol.*, **163**, 10 (2018)
13) S. Sakurai *et al.*, *J. Am. Chem. Soc.*, **140**, 1098 (2018)
14) K. Kobashi *et al.*, *Compos. B Eng.*, **283**, 111643 (2024)
15) Y. Ishikawa, "Systematic review of tyre technology. Survey reports on the systemization of technologies", **16**, pp 1-137, center of the history of Japanese industrial technology. National Museum of Nature and Science, Japan (2011)
16) S. Deng *et al.*, *SusMat*, **3**, 581 (2023)
17) H. Shen *et al.*, *Macromol. Mater. Eng.*, **308**, 2300089 (2023)

3 大阪ガスケミカルのカーボンナノチューブ造粒品およびコンパウンド

西野雄大*

3.1 はじめに

　カーボンナノチューブは，炭素によって構成された筒状のナノ素材であり，大きく筒が一層の単層カーボンナノチューブと複数層からなる多層カーボンナノチューブがある。いずれも高い導電性や熱伝導性の他，軽量性や高機械強度等の様々な機能性を有しており，昨今ではこれらの特長を活かして，リチウムイオン電池向け導電助剤や，樹脂やゴムとの複合化により機能性を付与する添加剤として使用されている。

　例えば樹脂との複合化においては，基材となる樹脂の特性を大きく損なうことなくわずかな添加量で機能性を付与することが可能である。その反面，ナノ素材であるために，いくつもの課題があり，使いこなしにくい材料でもある。

　弊社では，炭素繊維，活性炭，ファインケミカル材料や木材保護塗料等，多岐にわたる分野の素材や加工品の研究開発，製造，および販売を行っている。その中で，素材やそれらの加工に関する知見や技術を培ってきており，顧客の様々な要望に応えるべく改良やソリューション提案を進める中でさらに蓄積してきた。

　今回はこれらの知見や技術を活かして樹脂向けに開発中の，カーボンナノチューブ造粒品およびカーボンナノチューブコンパウンド品について紹介する。

3.2 カーボンナノチューブの課題

　カーボンナノチューブは一般的に粉末状のナノ素材であるため，使用時に飛散しやすく，他製品への汚染の懸念がある。また導電性を有するため，装置の隙間に入り込むことで短絡による電子機器の不具合の原因にもなりうる。そのため，一般的なコンパウンド設備環境下で取り扱うためには，新たに相応の曝露対策や粉塵対策が必要になってくる。

　また，同じくナノ素材であるがゆえに，各々の繊維間に相互作用が強く働いているため凝集力が高く，分散性に乏しい。そのため，樹脂に添加する際には，せん断等により適切に分散させなければ，大きな粒子のまま残存，または再凝集物が異物となって，機械特性の低下や機能性の発現不良を引き起こす。特に単層カーボンナノチューブにおいては，その傾向がさらに顕著であるため，使いこなしにかなりの技術を要する。

　そこで弊社では，樹脂向けをターゲットとした上で，より扱いやすい多層カーボンナノチューブを原料として，従来の粉末品と比べ微粉化しにくく取り扱いに優れたカーボンナノチューブ造

---

*　Takahiro NISHINO　大阪ガスケミカル㈱　フロンティアマテリアル研究所
　　　　　　　　　　　次世代材料研究部　アドバンストポリマーチーム　マネジャー

粒品と，機械特性や各機能性を安定的に発現できるカーボンナノチューブコンパウンドの開発を行った。

3.3 カーボンナノチューブ造粒品

図1のようにカーボンナノチューブ粉末は微粉のため非常に飛散しやすい。しかし，カーボンナノチューブ粉末を単に押し固めただけでは，輸送や計量の際に砕けて再粉化してしまう懸念がある。そのため，カーボンナノチューブにバインダーを加えた図2のような造粒品の検討を行った。

造粒化にあたっては以下の項目に重点を置き，バインダーの選定や加工条件の最適化を行った。

・輸送・計量等の際に容易に粉末化しない硬さであること（良ハンドリング性）
・コンパウンドの際に樹脂に適切に分散すること（良分散性）
・安定的に連続生産できること（良生産性）

造粒化においては，バインダーの種類（接着特性，原料との親和性）や添加量，造粒条件が重要である。バインダー量を増やすことで接着性は高まり硬くなる傾向にあるが，カーボンナノ

図1　カーボンナノチューブ粉末

図2　カーボンナノチューブ造粒品

第2章　分離・分散と複合材料

表1　カーボンナノチューブ粉末と造粒品の比較

	吸入性粉塵量 mg	かさ密度 g/mL	圧縮強度(N)	
			鉛直方向	水平方向
粉末	1.76	0.10	0.3	0.3
造粒品	0.03	0.18	1.1	1.2

表2　カーボンナノチューブ2wt%/ポリカーボネートコンパウンドの比較

	体積抵抗率[Ω·cm]	衝撃強度[kJ/m^2]
粉末	$3×10^{-9}$	66.0
造粒品	$6×10^{-8}$	81.3

チューブの比率が下がる。また，カーボンナノチューブと樹脂の双方に親和性を有するものでなければ，コンパウンド時に分散不良や再凝集等が発生するため，成形品の機械特性や機能性付与効果が低下する。また，当然ながら生産性が悪ければ，ロスやコスト増につながり供給性が担保できない。

　これらを考慮した上で，弊社でこれまでに培った樹脂や樹脂改質剤等の素材の開発技術，素材の配合技術や造粒やコンパウンド等加工技術を活用することで，上記項目をバランスよく満たす造粒品の作製に成功した。

　作製した造粒品について，造粒に用いた元の粉末とで，吸入性粉塵量，かさ密度，圧縮強度の比較を行った。その結果を表1に示す。ここで吸入性粉塵量は，一定量の試料を再発塵装置にて発塵させ，吸入性粉塵のみを分粒してろ紙に捕集後，捕集前後の重量差から吸入性粉塵量を求めて測定値とした。測定の結果，粉塵量が98%低減し，かさ密度や圧縮強度が大きく向上した。

　次に，ポリカーボネート樹脂に，カーボンナノチューブを2wt%配合し，二軸押出機を用いてコンパウンドを行った後，射出成型機を用いて平板および衝撃試験片を作製し，体積抵抗率と衝撃強度を測定した。表2に示すデータのとおり，体積抵抗率の低下による導電性の向上と，衝撃強度の低下が抑制されていることを確認した。

　このように，弊社の造粒化技術により，カーボンナノチューブの課題である飛散性を大幅に抑制し，また，粉末と同等以上の機能性付与が可能となる。これは，カーボンナノチューブの種類が変わっても同様の効果を発現するため，汎用性の高い有効な手法であると考えている。

3.4　カーボンナノチューブコンパウンド

　添加剤を樹脂にコンパウンドし機械強度や特性評価を行った際に，同じ組成であるにもかかわらず，成形の条件等によって測定結果が大きく変わることや，特性が発現しないことが起こり得る。これは，樹脂中での添加剤の分散性や，繊維形状であることに起因する配向性が影響してい

ると考えられる。

　まず，添加剤の分散性は，大きく2つの要因が影響していると考えられる。1つは粒子の凝集力であり，各粒子間には分子間力や静電気力等の相互作用が働くために発生する。樹脂とコンパウンドした際に，適切なせん断をかけて分散を行わなければ，未分散物が異物として残存してしまう。もう1つは添加剤と樹脂の界面接着性を左右する樹脂との親和性である。異種物質を混ぜ合わせた際，同種の材料は集まりやすく異種の材料は反発する傾向にあることから，樹脂との親和性が低ければ，添加剤が再凝集した上，樹脂粒子との界面に剥離や空隙を生じる。これらから，成形体の機械特性の低下や測定結果のばらつきを引き起こす。そのため，機械特性の面においては，図3のように，いかに均一に分散させ界面接着性を向上させるかが重要である。

　しかしながら，機能性付与の面では単によく分散させるだけでは逆効果になる場合がある。例えば導電性や熱伝導等の伝導特性については，均一に分散させすぎると伝導経路が切れてしまうため伝導特性が低下または発現しなくなる。対策の一つとして添加量を上げることが挙げられるが，コストUPや樹脂特性の低下につながる。そのため，添加剤の凝集を抑制しながらも，伝導経路がつながっている状態となるよう，図4のように，いかにネットワーク構造をもたせながら分散性をコントロールできるかが重要である。

　さらに，同一成形体であっても，測定方向により機械特性や機能性が異なることがあり，これはカーボンナノチューブ等繊維状添加剤の形状からなる配向性による。繊維状添加剤を配合した樹脂の成形を行った際，一般的に繊維状添加剤は樹脂の流動方向に配向して存在しやすい。導電性を例にとると，より配向の高い方向には導電性が発現するが，低配向の方向には全く発現しないことが起こりうる。図5のように，導電性の測定時，高配向の方が繊維により導電パスがつながりやすいため導電性が良く，低配向方向では導電性が悪くなる。

　この配向性は成形の方法や条件によっても異なり，例えば射出成型では，射出速度や射出時の

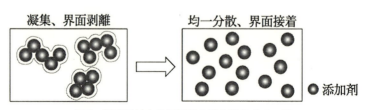

図3　樹脂に対する添加剤の良分散のイメージ

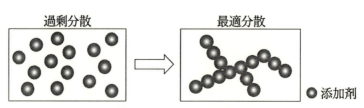

図4　導電性発現に適した分散イメージ

第2章 分離・分散と複合材料

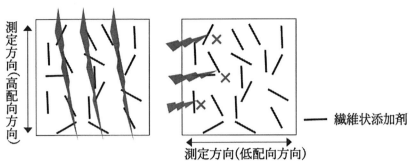

図5 導電性測定時の導電イメージ
（左：高配向方向，右：低配向方向）

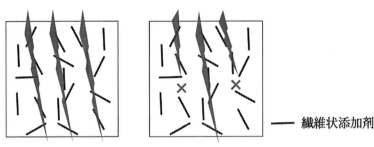

図6 導電性測定時の導電イメージ
（左：高電圧時，右：低電圧時）

樹脂溶融粘度，金型キャビティ内の流路やゲートの形状，流路表面の材質や面精度等によって複雑に変化する。そのため安定的に導電性を発現させるためには，コンパウンド組成や成形条件だけでなく，金型等成形装置の調整が必要になることがある。

また，導電性については，測定電圧の違いによっても変化する。図6のように，繊維間が少々離れていたとしても，加電圧が高ければ通電して導電性が発現するが，加電圧が低いと樹脂部分が大きな抵抗となって通電しにくくなる。この傾向は，低電圧になるほど顕著となり，測定電圧の差による導電性ギャップが大きくなる。そのため，最終製品の用途や仕様に合わせて添加剤の配向をコントロールしつつ適当な分散を行うことが重要である。

これら添加剤の特性を考慮し，弊社では，添加剤選定や処方検討，押出機仕様やコンパウンド条件の最適化により分散をコントロールし，カーボンナノチューブを配合した導電性コンパウンドの開発を行ってきた。ポリカーボネート樹脂を用いたカーボンナノチューブ配合コンパウンドの処方違いによる導電性と分散性解析データを図7に示す。

ポリカーボネート樹脂にカーボンナノチューブ粉末を配合しコンパウンド後，導電性や分散性を比較したところ，一般的なコンパウンドでは表面抵抗率が10^9 Ω/□のところ，弊社処方では10^5 Ω/□を実現した。この導電性は，カーボンナノチューブ粉末を4wt％添加した一般処方とほ

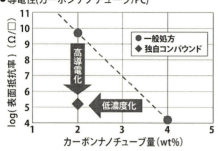

図7 一般処方と弊社処方の導電性, 分散性比較データ

ぼ同等であり，より少ない添加量でも高い導電性を発現できていることを確認した．分散性についても，凝集塊が大きく減少していることから，カーボンナノチューブの良分散と二次凝集の抑制が出来ていることを確認した．

このように，弊社のコンパウンド技術により，高導電性と良分散の両立が可能である．これはポリカーボネート樹脂以外の熱可塑性樹脂や，カーボンナノチューブ以外の添加剤でも適用でき，ソリューション提案も可能である．

3.5 さいごに

弊社で開発しているカーボンナノチューブ造粒品やカーボンナノチューブ配合コンパウンドについて，添加剤の特性や傾向を踏まえながら紹介した．造粒品については効果検証できている樹脂種が限られているため，今後は未検証樹脂やゴムでの導電性等の検証を進めていく予定である．また，カーボンナノチューブコンパウンドについては，その特性を最大限引き出す処方を以て，市場の，特に成型メーカーのニーズに応えていけるようコンパウンド開発を継続し，ラインナップを増やしていく予定である．また，将来的には現在殆ど着手できていない単層カーボンナノチューブにも適用可能な造粒技術や分散技術を開発することで，カーボンナノチューブの添加剤用途としての市場拡大を推進していきたいと考えている．

なお，カーボンナノチューブについて，これまで飛散性や分散性が課題となり開発が進められなかったケースにおいて，今回紹介した造粒品やコンパウンドが，カーボンナノチューブを用いた新規製品開発に踏み出すきっかけとなれば幸いである．

4 複合材料における界面への CNT 適用

鬼塚麻季[*1], 小向拓治[*2]

4.1 はじめに

カーボンナノチューブ（CNT）は，日本人が1991年に発見して以来，30年以上にわたり研究開発が行われてきた。CNT は，その名前の由来にもなっている通り，直径がナノスケールの中空チューブ形状をしたカーボン材料である。その特徴としては軽量・高強度素材であることだけでなく，高導電性や高い熱伝導性といった機能も備えており，素材開発の当初から夢の材料とされてきた。但し，実際に工業的な活用検討を始めてみると，その分散の難しさや，他の材料との複合化には色々な障壁が立ち塞がり，産業用途展開を容易には出来ない現実に直面してきた。

本稿では，CNT という先端素材を炭素繊維材料との複合化を行うことによって，炭素繊維強化プラスチック（CFRP）の性能や強度を向上させた事例について説明する。

4.2 高分子材料への CNT 複合化

高分子材料の物理的な性能を向上させる手段として，カーボンや無機粉体などを充填剤として混合する方法は古くから行われてきた。例えば，自動車のタイヤに用いられている材料は，ゴムに対してカーボンを3割以上混ぜ込むことで，ゴムの硬さや耐摩耗性を向上させていることが知られている。他の例としては，生鮮食品などのトレーの場合は，発泡ポリスチレン樹脂が用いられることが多いが，強度や剛性を高めるために，一般的には炭酸カルシウムなどを充填剤として，1〜4割ほど混ぜて使用される。前述の事例の場合，高分子材料へ充填剤を複合化する方法としては，粉体を直接ゴムやプラスチックへ混練する手法が一般的である。

CNT の場合も，ゴムやプラスチックなどの高分子材料に対して，導電性や熱伝導性等の機能性付与，強度や耐熱性などの物性向上を目的とした充填剤として，CNT 粉体を直接混練する手法が広く検討されてきた。しかし，工業的に供給される CNT は CVD 法によって合成されるものが一般的であるため，個々の CNT はバラバラに存在するのではなく，束状のバンドルを形成した状態や，絡まりあったタングルの状態での2次凝集をしている場合が多い。このため，CNT を粉体で直接樹脂中へ投入して混練しても，樹脂中に CNT 凝集物が残存することとなり，ナノマテリアルとしての性能発揮が期待できなかった。この現象を解消するため，事前に CNT と界面活性剤や分散剤などを溶媒中にて分散させる処理を行うことで CNT 分散液を調整し，その後に樹脂へ混合する手法を採用することもある。この方法は CNT 凝集物の対策としては有効であるが，CNT と相性の良い溶媒は樹脂との相性が悪いケースもある。また，樹脂と CNT 分

＊1　Maki ONIZUKA　ニッタ㈱　テクニカルセンター　課長代理

＊2　Takuji KOMUKAI　ニッタ㈱　テクニカルセンター　部長

散液を混合した後に溶媒を蒸発させることになるため，樹脂中における分散剤や溶媒の残存起因によって生じる物性低下の懸念などの課題もある。

4.3 CFRP への CNT 複合化

　繊維強化プラスチック（FRP）は，スポーツ用途や小型船舶や建築材料，電気基板として用いられてきたガラス繊維強化プラスチック（GFRP）において，マトリックス樹脂としては熱硬化性樹脂が主体となって使用されてきた。樹脂の種類は，コストパフォーマンスに優れたポリエステル樹脂を始め，連続成形等に適したビニルエステル樹脂や，耐熱性の高いフェノール樹脂，前述の樹脂に比べて高価ではあるが高強度・高接着性であるエポキシ樹脂があり，その用途に合わせて選定されてきた。最近の FRP は，航空機や自動車などのモビリティー向けに，軽量・高強度を目的とした高付加価値材料として強化繊維に炭素繊維（CF）を用い，マトリックスとしてエポキシ樹脂を用いた熱硬化型炭素繊維強化プラスチック（CFRP）を中心に，環境に考慮した生分解性樹脂や，リサイクル性や量産性を考慮して熱可塑樹脂を用いた CFRTP の検討も進んでいる。

　CFRP への CNT 複合化検討としては，マトリックス樹脂に対してあらかじめ CNT を分散させ，その後に CF と複合化する方法が検討されてきた。前述の様に，CFRP に用いられる樹脂は，いずれも粘度が高く，CNT のような高比表面積かつ長尺（ミクロンオーダー〜ミリオーダー）の材料を分散させるには困難が伴う。その上，分散させることが可能な場合も，分散させた CNT 由来のチキソトロピー性による増粘によって，CF との複合化時に取り扱いが大きく困難になる。

4.4 CNT 分散液と CF へのコーティング

　CFRP への CNT 応用については，CF に対してあらかじめ CNT をコーティングする形で複合化しておき，コーティングされた CF へマトリクス樹脂を含侵させることで，CFRP 化するという試みも行われてきた。

　その方法の一つとしては，CF 表面へ CNT を分散させたバインダーを薄くコーティングする方法があるが，CF 束の内部と外部のコーティングを均一にすることが困難である。その理由は，工業的に供給される CF は，直径が 5〜7 μm の繊維が 1〜3 万本の束からなるレギュラートウや，4 万本以上からなるラージトウと呼ばれるものであるため，繊維間は 0.1 μm 以下になっており，CF 束表面に CNT がろ過されて凝集付着し，バインダーのみが束内へ侵入するからである。そこで，束を開繊することによって CF 同士の重なりを少なくしてから表面へコーティングする方法も検討されてきたが，2 万本を超える CF 束の場合，10 mm 以下の糸幅を 100 mm 程度の幅まで開繊によって広げる必要があり，実質上は工業化は困難である。

　CF 表面へ均一に CNT をコーティングする方法としては，CNT 分散液を CF 束内部まで含侵させて個々の CF 表面へ付着させる必要がある。CF 束の内部まで CNT を侵入させるためには，

第 2 章　分離・分散と複合材料

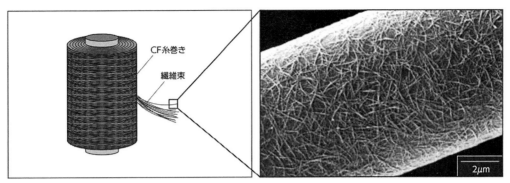

図1　CF 糸巻きイメージと Namd[TM]-CF 繊維の電子顕微鏡写真

使用される分散液中の CNT は単離分散している必要がある上，CF 表面へ CNT が吸着しやすい条件を作り上げる必要がある。そこで，分散安定した CNT 分散液の調整には必須となる分散剤を敢えて適用しないことで CNT の持つ凝集力を利用した。つまり，個々の CNT が単離している不安定な分散液を CF 束中へ含侵させることで，CNT が全ての CF 表面へ吸着することにより安定化するプロセスを検討し，CF 表面へ均一に CNT がコーティングされる CNT 複合 CF の技術「Namd[TM]」を完成させた（図1）。

産業用として主に使用されている CF は，PAN 系と呼ばれるポリアクリロニトリル繊維の黒鉛化によって得られるフィラメントから成り，その製造方法にも影響を受けるが，一般的には CF の表面や内部に欠陥点を持っている。このため，CF 単繊維の引張試験においては，表面欠陥が破壊起点となり，そこから亀裂進展することで繊維自体の破壊に至るため，本来の理想的な強度を示していないと推察される。これに対して，CF 表面へ CF よりも高弾性の CNT を Namd[TM] 処理によるコーティングを行うことによって，破壊起点となる欠陥部分を保護する様に CNT が覆うこととなり，単繊維の引張強度が向上する効果が確認できている。CF 表面への CNT コーティングという手法からは繊維自体の補強効果も認められるため，織物の様に CFRP 成形前の CF にストレスのかかる工程における耐久性などで優位となる場面が多い。

また，CF の表面欠陥によって引き起こされる材料の強度バラツキが上記の効果の結果として，Namd[TM] は一般的な CFRP に比べて破壊強度等のバラツキを低減し，その強度測定結果の分布を上限へ引き上げ，標準偏差を小さくする効果がある。

4.5　Namd[TM] の特性とスポーツ用品

Namd[TM] には，通常の CFRP にはない Namd[TM] 特性（独自の特徴的な物性）が発現されることが確認されている。そのうちの一つが「弾性率の速度依存性の軽減」であり，通常の CFRP が示すプラスチック材料のクリープ変形を低減することによって，金属材料に似たふるまいをするという特徴である。通常スポーツ用品においては，ラケットやゴルフクラブなどのシャフト部分に CFRP を用いることで，軽量化を実現しているが，金属に比較してクリープ変形による高

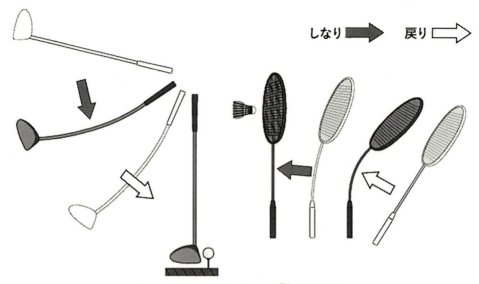

図2 スポーツ用品への Namd^TM 特性適用例

速変形時のしなりにくさや反発戻り時の遅延によるエネルギーロスなどを起因として体感時の違和感を引き起こしていると考えられる。これに対してNamd^TMをスポーツ用品へ適用した場合，「弾性率の速度依存性の低減効果」によって，高速変形時のエネルギーロスを抑えることができ，体感時の違和感を少なくすることが可能になる。また，Namd^TMには「大変形時の振動減衰効果」が確認されており，スポーツ用品に適用することで材料自体による振動減衰効果を得ることができ，スポーツ選手の身体への負担軽減が期待できる（図2）。

これらの特性が，発現するメカニズムとしては，CFRP試験片内のCFは整列しているわけではなく，CF同士が接近したり，離れたりして存在していることに起因している。通常のCFRP試験片の場合，3点曲げ応力下では，試験片の曲げ内側は曲げ半径が小さくなることに伴う圧縮変形が起こり，曲げ外側は曲げ半径が大きくなることに伴う引張変形が起こっている。そのため，CFRPを構成するCF繊維間の樹脂はせん断応力にさらされており，繊維間距離が近い部分の樹脂は大きなせん断変形を生じている。このため，CFRP全体で見ても無視できないほどのクリープ変形が生じ，変形速度が遅いときに比べて，速いときに弾性率が高くなる現象が現れる。これに対して，Namd^TMの場合もCFは整列しておらず，接近している部分と離れている部分がある。Namd^TMはCF表面にCNTが吸着しているため，CF同士が接近している部分はCNT膜によりCF同士が拘束されている状態となる。これによって，通常のCFRPで発生していたCF間に存在している樹脂のせん断変形はほぼ生じないため，CFの弾性変形がCFRP挙動において支配的となる。このような現象の違いによりNamd^TM特性が生じている。

第2章　分離・分散と複合材料

4.6　Namd™-CFRPの構造と物性

　CFRPは弾性率の高いCFと弾性率の低いマトリックス樹脂の組み合わせにて構成されていることから，CF-樹脂界面においては桁違いの弾性率差がある。このため，CFRP材料に対して屈曲等の変形応力が与えられると，CF-樹脂界面に応力集中が生じて破壊起点になりやすい上に，界面に沿って亀裂が進展し，破壊に至ることが多い。

　Namd™の場合，CF–樹脂界面にCNTにより形成された膜に樹脂が含侵した層が存在し，CF／CNT–樹脂／樹脂の階層構造が形成されているため，弾性率が段階的に変化しており，応力集中し難い構造となっている（図3）。この構造によって，界面が破壊起点となりにくい上，CF表面付近の樹脂中のCNTの存在が亀裂の進展を阻害することから，CF-樹脂界面以外が破壊する応力が加えられるまで破壊せずに変形に耐えることとなる。

　通常のCFRPにおいては，CF-樹脂界面が破壊起点となり易く，その界面に沿って亀裂が進展し破壊に至るのに対して，Namd™の場合においては，界面に沿っての亀裂進展が阻害されているような形跡が3点曲げ試験時などの破断面において観察できる。通常CFRPの破壊面の電子顕微鏡観察結果からは，CF表面の平滑面が露出していることを確認できるのに対して，Namd™の場合は平滑なCF表面の露出は少なく，亀裂進展がCF表面から離脱し，樹脂部へ進展したであろう痕跡が多数確認されている（図4）。

　また，CF-樹脂界面付近のCNTの存在による亀裂進展の阻害は，繰り返し引張試験や繰り返し3点曲げ試験などの耐久試験時の結果としても，確認されている。

　試験片に対して，最大応力荷重の6割以下の荷重を繰り返し印加することで行われる耐久試験

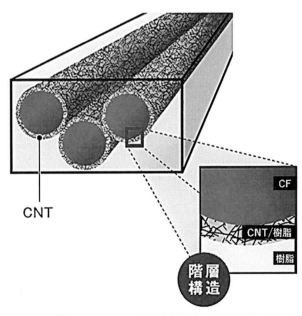

図3　Namd™ CFRPのCF表面に形成される階層構造イメージ図

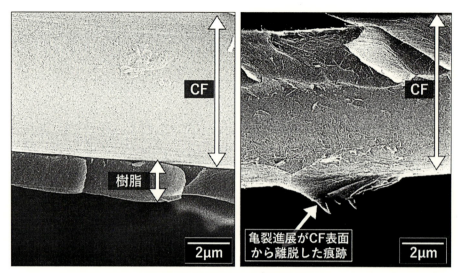

図4 CFRP破断面の電子顕微鏡写真
（左：通常CFRP，右：Namd^TM-CFRP）

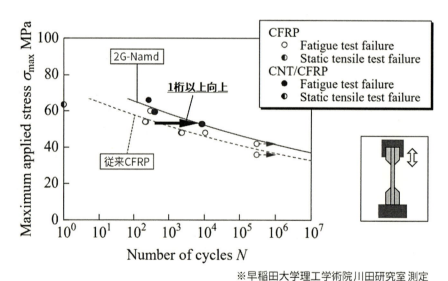

※早稲田大学理工学術院川田研究室 測定
図5 引張最大応力荷重と疲労破断回数

において，通常CFRPに比較して，Namd^TMの場合は引張試験にて疲労破断に至るまでの回数（「破断回数」と呼ぶ）が約1桁向上し，3点曲げ試験においては約2桁多くなっている（図5，図6）。

前述したCFRPの物性向上させるためのCNT膜においては，その膜密度も重要なファクターとなることが分かっている。CF-樹脂界面の応力集中緩和や，亀裂進展を阻害するためのCF表面のCNT膜には，樹脂が完全に含侵することでCNT膜内やCF界面におけるボイド（気泡）

第2章　分離・分散と複合材料

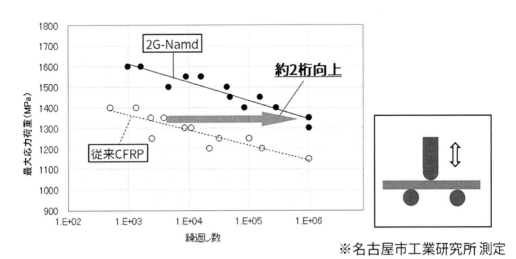

図6　3点曲げ最大応力荷重と疲労破断回数

などの欠陥が無いことが肝要であり，膜形成にて高密度化されていれば良いというものではない。CFRP成形時に膜内部まで樹脂が含侵し，CNT複合樹脂層がCFとマトリックス樹脂の中間の弾性率となっていることが好ましい。また，Namd^{TM}のCNT膜厚にも依存するが，隣り合うCF表面のCNT膜同士が接触する距離となるようなVf（繊維体積含有率）となる方が，効果が得られやすい。例えば，CF表面に形成されるCNT膜の厚さが0.1μm程度の時は，Vfが70％付近の時に隣り合うCF表面のCNT膜接触による強度向上効果が大きくなると見込まれている。このように，Namd^{TM}-CFRPには，強度向上が期待できるVfの範囲があり，Vfを高くする成形方法にて，顕著な効果が得られることも確認されている。

4.7　産業分野向け材料としての適用

　産業用分野に適用される材料に対して求められることとして，一般的に品質の安定性および量産性，コストパフォーマンスなどが挙げられる。Namd^{TM}はCF表面へCNTコーティングする技術であるため，CF自体のコスト高は避けられないが，CFRPは重量当たりの強度，つまり比強度が最も高い材料の1つであるため，輸送機器用構造材料としては極めて優秀であり，航空・宇宙産業においては軽量合金材料と並んで必須材料として位置づけされている。このCFRPの比強度をさらに高める技術としてNamd^{TM}が活用可能であるため，航空・宇宙用途において，従来の材料では未達の強度領域への展開が期待されており，成形技術を含めた開発が現在進行形で行われている。また，Namd^{TM}化処理については，糸解舒，CNTコーティング，CNT溶媒の除去，Namd^{TM}糸の巻取り工程を一貫して行うことができる方式の量産技術を採用しているため，長尺のCF糸やCF反物についてもNamd^{TM}化処理の量産技術を適用できる。

　またNamd^{TM}は，CFRPの強度や疲労耐久性の向上といった，材料としての信頼性が増すため，今までは金属材料しか対応できなかった部品へのCFRP適用が可能となり得る。これによ

79

り部品のさらなる軽量化が見込めるため，Namd^{TM}-CFRP は航空・宇宙産業用途などの輸送機器用構造材料や高速駆動部品などへの適用が好ましいと考えられており，現在その製品展開について検討が進められている。

第3章　機能と応用

1　錯体化学の概念を駆使したカーボンナノチューブのp型ドーピング

河﨑佳保[*1]，堀家匠平[*2]

1.1　はじめに

　カーボンナノチューブ（CNT）は熱電素子，トランジスタ，太陽電池などへのデバイス応用が期待される。これらのデバイス応用にはメジャーキャリア種（ホールまたは電子）ならびにそのキャリア密度の制御によるp/n接合の最適化が求められる。ドープ状態の制御にはドーピングが有効な手段である。主にドーパントの表面吸着により電荷注入を行う化学ドーピングと，CNT中の炭素骨格に他の元素を導入することで電子の過不足状態を作る格子置換による方法がある。我々はこれまでに多数の報告例がある化学ドーピングに注目した。p型ドーパントとしてはプロトン酸，ハロゲン，$AuCl_3$，n型ドーパントとしてはアルカリ金属，アミン系化合物等が挙げられる。

　一方，デバイスの信頼性のためには，ドープ状態の安定性，特に耐熱性が重要な開発要素となる。例えば，熱電素子では発電原理上，熱源に設置して用いられ，トランジスタでは電流印加に伴いジュール熱が発生し，太陽電池では受光に伴う発熱が生じる。このように，ドープ状態の保持特性は重要な指針であるにも関わらず，高温下での安定性評価まで含めて検証した事例は数少ない。さらに安定性を確保する目的においては，ドープ状態の安定化にまつわるメカニズムの解明も必要となる。

　本節では，錯体化学の概念を駆使したCNTのp型ドープ状態の安定性メカニズムに関する検証例のほか，『イオン交換』による安定化技術の開発に関する研究成果を紹介する。

1.2　p型CNTにおける錯体化学

1.2.1　錯体化学とドーピング

　化学ドーピングではCNTとドーパント間の電荷移動相互作用によってCNT中に電荷が誘起される（図1）。p型ではホールが，n型では電子が注入される。CNTに導入された電荷を補償するため，p型CNTには酸化剤（Ox）由来のアニオン（Ox^-）が，n型CNTには還元剤（Red）

＊1　Kaho KAWASAKI　神戸大学　大学院工学研究科　応用化学専攻　博士課程前期課程
＊2　Shohei HORIKE　神戸大学　大学院工学研究科　応用化学専攻，環境保全推進センター
　　　　　　准教授

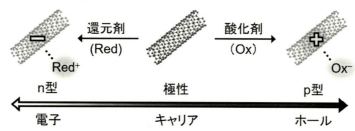

図1　化学ドーピングの概念図
酸化剤（Ox）または還元剤（Red）を反応させることでCNT中にホールまたは電子が注入される。CNT表面には電荷補償のためにドーパント由来のイオンが吸着し，CNT錯体を形成する。
文献4）より改変して引用（CC BY 4.0）

由来のカチオン（Red$^+$）がそれぞれ吸着し，CNT錯体を形成する（式(1), (2)）。

(p型CNT)　CNT + Ox → CNT$^+$: Ox$^-$ 　　　　　　　　　　　(1)

(n型CNT)　CNT + Red → CNT$^-$: Red$^+$ 　　　　　　　　　　(2)

脱ドープ（ドープ状態の解消）では式(1), (2)の逆反応が生じると考えられる。ゆえに，CNTと強い相互作用をもたらす吸着イオンの導入がドープ状態の安定化に直結すると捉えられる。

錯体としての安定性をはかる概念としてはHSAB則（Hard and Soft Acids and Bases）が有効である。HSAB則とは軟らかい酸と軟らかい塩基，硬い酸と硬い塩基の組み合わせで安定性の高い錯体を形成するという経験則である。ここで，軟らかい化学種の特徴としては化学種のサイズが大きい，電荷密度が低い，分極率が大きいなどが挙げられ，硬い化学種はその逆となる。p型CNTにおいては導入されたホールが数nmにわたり非局在化することが報告されており[1]，軟らかい酸と見なすことができる。ゆえに，吸着アニオンも同様に軟らかいアニオンであれば，CNT錯体（ドープ状態）が安定化すると予想される。

1.2.2　HSAB則と化学硬度

従来，HSAB則は軟らかい，中間，硬い酸および塩基に分類され報告されてきたが，経験則であり，定量性に欠く法則である。そこで，1983年にParrとPearsonによって提唱されたHSAB則の定量的指標である『化学硬度』に注目した[2]。化学硬度（η）は化学種が電子配置を変えることに対する抵抗の尺度であり，量子化学計算においては化学種の全エネルギーを電子数で二階微分したものにあたり，式(3)により求められる。

$$\eta = \frac{1}{2}\left(\frac{\partial^2 E}{\partial N^2}\right)_v = \frac{1}{2}(E_{N+1} - 2E_N + E_{N-1}) \quad (3)$$

ここで，Eは全エネルギー，Nは電子数，vは外部ポテンシャルを指し，化学硬度を求めたい化学種（E_N）とその還元状態（E_{N+1}），酸化状態（E_{N-1}）の全エネルギーから求めることができる。より化学硬度の小さいものがHSAB則における軟らかい酸・塩基ということになる。

第3章　機能と応用

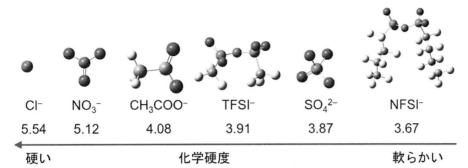

図2　密度汎関数理論計算（B3LYP, 6-31G (d, p) GD3）により算出したプロトン酸およびリチウム塩由来のアニオンの化学硬度および分子モデル
文献4）より改変して引用（CC BY 4.0）

　p型ドープ状態の安定性メカニズム解明に向け，ドープ状態の安定性評価（実測）と量子化学計算に基づき算出したアニオンの化学硬度を比較することとした。この目的のため，ドーパントには多様なアニオン種が存在するプロトン酸を用いた。プロトン酸においてはプロトンがCNTの電子を引き抜く（ホールを導入する）p型ドーピングの作用を示すとともに，プロトン酸由来のアニオンが電荷補償のためにCNT表面に吸着する。本研究で使用したアニオンの化学硬度を密度汎関数理論（DFT）計算（B3LYP/6-31G (d, p) GD3, Gaussian 16）により算出したところ，アニオンによって明確な値の違いが得られたため，ドープ状態の安定性との比較をする上で有用な化学種であると考えられる（図2）。

1.3　プロトン酸ドーピングによる安定化メカニズム解明
1.3.1　プロトン酸のp型ドーピング効果

　プロトン酸のドーピング効果は導電率，ゼーベック係数（単位温度差あたりの発生電圧），仕事関数，吸収スペクトルの測定により確認した。導電率（σ）は式(4)で表すことができる。

$$\sigma = ne\mu \tag{4}$$

ここで，nはキャリア密度，eは電気素量，μはキャリア移動度を示す。式(4)の通り，導電率はキャリア密度を反映する物性値である。また，ゼーベック係数も同様にキャリア密度を反映し，ゼーベック係数の絶対値が減少する場合，キャリア密度の増加が判断できる。さらに，ゼーベック係数はその符号からメジャーキャリアの判断も可能である（プラスならp型，マイナスならn型）。

　OCSiAl社のTuball単層CNT（直径1.6 ± 0.4 nm，半導体型・金属型混合）を膜厚30 μm，直径15 mmの自立膜に形成し，導電率，ゼーベック係数，仕事関数の評価に用いた。吸収スペクトルの評価には同様のCNTをスプレーコート法により石英基板上に成膜した薄膜を用いた。

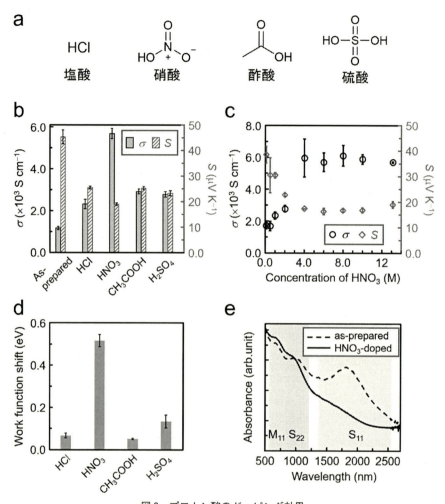

図3 プロトン酸のドーピング効果
(a)本研究で使用したプロトン酸の構造式。(b)ドーピング前後における導電率（σ）およびゼーベック係数（S）。(c)硝酸濃度を変化させた際の導電率およびゼーベック係数。(d)ドーピング後の仕事関数変化量（ケルビンプローブ法），(e)ドーピング前後における吸収スペクトル（UV-vis-NIR測定）。As-preparedはドーピング前のCNT膜を指す。
文献4）より改変して引用（CC BY 4.0）

ドーピングでは，CNT膜を塩酸，硝酸，酢酸，硫酸に5分間浸漬させた（図3a）。水による洗浄後，真空乾燥し，評価を行った。

ドーピング前のCNT自立膜の導電率は$1160\,\mathrm{S\,cm^{-1}}$，ゼーベック係数は$+45\,\mu\mathrm{V\,K^{-1}}$となった。正のゼーベック係数は，当CNT試料がp型であることを示す。空気中の酸素分子がCNTにホールドープ作用を示すことはよく知られており，今回のケースでもCNTが自然酸化を受けp型化していることがわかる。

塩酸，硝酸，酢酸，硫酸でドーピング後の導電率およびゼーベック係数を図3bに示す。いず

第 3 章　機能と応用

れのドーパントを適用した場合でも導電率は増加し，ゼーベック係数はプラスの符号を保持したまま減少した。この変化はホール密度の増加を示すものであり，プロトン酸のp型ドーピング効果が確認された。さらに，図 3c に硝酸濃度を変化させてドーピングした場合の導電率およびゼーベック係数を示す。4 M 以上では導電率，ゼーベック係数ともに飽和するが，0〜4 M の低濃度域においてはドーパント濃度の増加に伴い導電率が増加し，ゼーベック係数がプラスの符号を保持したまま減少した。このことから，ドープ状態はドーパント濃度を変化させることにより制御可能であることがわかる。

　p型ドープ状態の変化の確認には仕事関数の測定も有効な方法である。ケルビンプローブ法によりドーピング前後の CNT 自立膜の仕事関数を測定し，式(5)より仕事関数変化量（WF_{shift}）を算出した。

$$WF_{\mathrm{shift}} = WF_{\mathrm{doped}} - WF_{\mathrm{as-pepared}} \tag{5}$$

ここで，WF_{doped} はドーピング後の仕事関数，$WF_{\mathrm{as-pepared}}$ はドーピング前の仕事関数を示す。いずれの酸に浸漬させた場合でも仕事関数変化量は正の値となり，ドーピングにより仕事関数の増加，つまり電子の引き抜きに伴うフェルミ準位の低下が生じたことがわかる（図 3d）。プロトン酸浸漬による電子の引き抜きは UV–vis–NIR 測定による吸収スペクトル変化からも確認された（図 3e）。半導体型 CNT における第 1 van Hove 特異点からの遷移である S_{11} 吸収帯由来のピークが硝酸ドーピングにより大幅に減少しており，CNT の最高被占軌道（HOMO）から電子が引き抜かれたことがわかる。

　従来，CNT 表面にカルボキシル基等の官能基を付加する目的で，硝酸や硫酸の共存下で CNT に還流や超音波処理といった強力な処理を施すことがなされてきた。我々の実験は室温にて CNT 膜をプロトン酸に浸漬させるのみであるが，ドーピングの過程で CNT に表面官能基や sp^3 欠陥の導入がないかの判断は必須となる。

　そこで，CNT の走査型電子顕微鏡（SEM）像観察とラマン分光測定を行った（図 4）。ドーピング前後における CNT のバンドル幅や配向性の変化は SEM 像からは認められず，CNT 凝集構造に対するドーピングの影響はないと言える。ラマン分光測定においては，CNT 骨格の sp^2 結合の振動に由来する G バンドと末端や欠陥に由来する D バンドといった CNT 特有のピークが確認されたが，ドーピング後もほぼ同一のスペクトルが得られており，共有結合は生じていないと考えられる。

　プロトン酸ドーピング時にプロトンと CNT 間に共有結合が生じない場合，ドーピング後のプロトンの存在形態として，ドーピング後にプロトン同士が反応して水素ガスが発生すること，または CNT 表面に静電吸着することが考えられる。水素ガスの発生を検証するため，硝酸ドーピング時にガスクロマトグラフィーを測定したが，水素ガスは検出されなかった。さらに，プロトンの静電吸着の検証のため，硝酸ドーピングした CNT 自立膜を NaOH 水溶液に浸漬させたところ，NaOH との反応後に導電率は低下し，ゼーベック係数は増加したことから脱ドープが確認

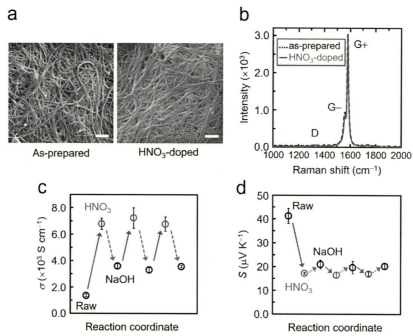

図4 (a)硝酸ドーピング前後のCNT自立膜のSEM像。スケールバーは1μmを示す。(b)硝酸ドーピング前後のCNT自立膜のラマンスペクトル。CNT自立膜の硝酸ドーピングとNaOH水溶液浸漬を交互に行った際の(c)導電率，(d)ゼーベック係数の変化。As-preparedとRawはドーピング前のCNT自立膜を指す。
文献4）より引用（CC BY 4.0）

された（図4c, d）。脱ドープ後，再度硝酸に浸漬させると，導電率とゼーベック係数は回復した。よって，硝酸ドープとNaOHによる脱ドープは可逆的な反応であり，NaOHを適用した際には，CNTに吸着したプロトンがNaOH由来のOH⁻により中和されたものと考えられる。以上の検証から，プロトン酸ドーピングにより形成されたp型CNTではプロトンがCNT表面に静電吸着し，式(6)の錯形成反応で表現されると考えられる。

$$CNT + H^+A^- \rightarrow [CNT:H]^+:A^- \tag{6}$$

1.3.2 プロトン酸ドーピングCNTの安定性

プロトン酸により高いp型ドープ状態が誘起されることが示されたが，ドープ状態の高温下での安定性も重要である。デバイス応用を想定し，100℃の恒温槽でCNT自立膜を保管した際の導電率とゼーベック係数の経時変化を測定した（図5）。塩酸，硝酸，酢酸でドーピングした場合，導電率とゼーベック係数はいずれもドーピング前の値に速やかに戻った（脱ドープ）。一方，硫酸でドーピングした場合のみ値はほとんど変化せず，高い熱安定性が確認された。これらのプロトン酸由来の吸着アニオンの化学硬度を比較すると，SO_4^{2-}が最も小さく，軟らかいアニオンの吸着がドープ状態を安定化することがわかる。ゆえに，化学硬度（HSAB則）に基づく

第3章　機能と応用

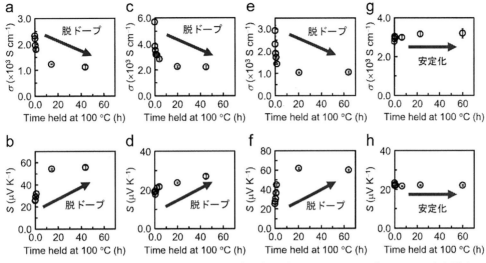

図5　(a, b) 塩酸, (c, d) 硝酸, (e, f) 酢酸, (g, h) 硫酸によりドーピングしたCNT自立膜を100℃で保管した際の導電率（σ）およびゼーベック係数（S）の経時変化
文献4）より引用（CC BY 4.0）

安定性原理が検証された。

1.4　イオン交換によるドープ状態安定化技術の開発

硫酸ドーピングにより高温下でもp型ドープ状態を安定に保持できることが確認されたが，硝酸ドーピング試料では導電率が約5680 S cm^{-1}と非常に高いドープ状態が得られており，前述の通りドープ状態の制御も可能である。この高いドープ状態を保持するため，『イオン交換』技術に注目した[3]。脱ドープはHSAB則的に硬い吸着アニオンの脱離（式(1)の逆反応）に伴うものと考えられるため，吸着アニオンをSO_4^{2-}のような軟らかいアニオンに置換することでドーピング後のホール密度を維持したまま熱安定性が向上すると考えた（図6a）。

イオン交換は軟らかいアニオンTFSI$^-$とNFSI$^-$（それぞれbis(trifluoromethansulfonyl)imide, bis(nonafluorobutanesulfonyl)imide）を含むリチウム塩溶液にドーピングしたCNT膜を浸漬させることで行った。イオン交換の進行は自由エネルギー変化のシミュレーションにより検証した。リチウムイオンとアニオンのイオン対の形成に伴う自由エネルギー変化ΔGを式(7)により算出した。

$$\Delta G = G_{Li^+/anion} - (G_{Li^+} + G_{anion}) \tag{7}$$

ここで，$G_{Li^+/anion}$はイオン対形成時の自由エネルギー，G_{Li^+}とG_{anion}は真空孤立のイオンごとの自由エネルギーを示す。それぞれの自由エネルギーはDFT計算（B3LYP/6-31G (d, p) GD3）により算出した（図6b）。この変化が大きいほどイオン対として安定であり，Li/TFSIや

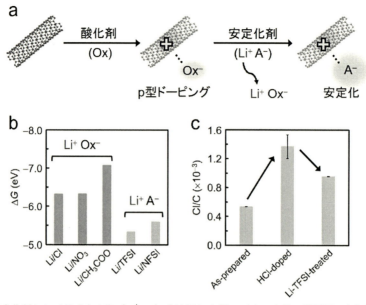

図6 (a)安定化剤としてリチウム塩（Li⁺A⁻）を適用した際のイオン交換の概要図，(b)密度汎関数理論計算（B3LYP/6-31G (d, p) GD3）により計算されたイオン対形成の自由エネルギー変化（ΔG），(c) EDS により測定された塩酸ドーピング前後および Li-TFSI 溶液浸漬前後の塩素と炭素の組成比（Cl/C）の変化。As-prepared はドーピング前の CNT 自立膜を指す。
文献4）より引用（CC BY 4.0）

Li/NFSI に比べ，Li⁺ とプロトン酸由来のアニオンがイオン対を形成したほうが自由エネルギー変化の絶対値は大きいため，Li 塩溶液浸漬によるイオン交換の進行が想定される。

実験的にも検証するため，エネルギー分散型 X 線分光法（EDS）により元素組成分析を行った（図6c）。塩酸ドーピング CNT を Li-TFSI 溶液に浸漬することで Cl の検出量は減少したのに対し，TFSI⁻ 由来の F と S が増加したため，イオン交換の進行が確認された。

ドープ状態の安定性は 100℃ の恒温槽で保管した際の導電率およびゼーベック係数の経時変化により評価した（図7）。Li-TFSI 溶液浸漬によるイオン交換後，導電率およびゼーベック係数は硝酸ドーピング時の値を保持したまま，1年以上にわたる高い安定性が確認された。また，NFSI⁻ を用いた場合でも同様に長期高温下で安定性が得られている。ゆえに，軟らかいアニオンへのイオン交換技術は p 型ドープ状態の超長期高温下での安定化に有効な手法であると言える。

1.5 おわりに

錯体化学の観点から，p 型 CNT のドープ状態の安定化には HSAB 則における軟らかいアニオンの吸着が必要であることを定量的に示した。また，硝酸などの安価なプロトン酸に浸漬するのみで高密度の p 型ドーピングを達成でき，かつ軟らかいアニオンを含むリチウム塩溶液に浸漬

第3章 機能と応用

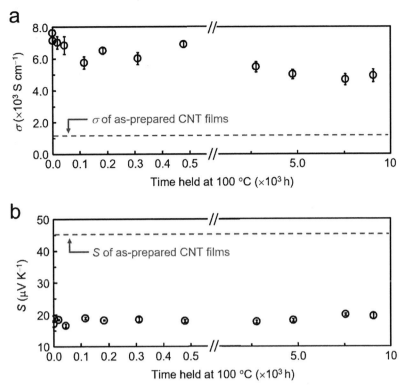

図7 硝酸ドーピングとLi-TFSIによるイオン交換処理をしたCNT自立膜を100℃で保管した際の(a)導電率（σ）および(b)ゼーベック係数（S）の経時変化
点線部はドーピング前（as-prepared）のCNT自立膜の導電率およびゼーベック係数を指す。
文献4)より引用（CC BY 4.0）

させるだけの簡便なプロセスにより，吸着アニオンを軟らかいアニオンへとイオン交換し，長期高温下で安定なp型CNTの開発に成功した[4]。錯体化学に基づくドープ状態の安定性原理およびイオン交換技術は分子性ドーパントを含む他のドーパント，さらにはn型ドーピングへの適用の可能性も挙げられる。

文　　献

1) K. H. Eckstein et al., *ACS Nano*, **11**, 10401-10408 (2017)
2) R. G. Parr et al., *J. Am. Chem. Soc.*, **105**, 7512-7516 (1983)
3) Y. Yamashita et al., *Nature*, **572**, 634-638 (2019)
4) K. Kawasaki et al., *Commun. Mater.*, **5**, 21 (2024)

2 プラスチックフィルムへのナノチューブ配線技術

生野　孝*

プラスチックフィルム上にカーボンナノチューブ（CNT）配線を直接作製する室温・大気圧プロセスを開発した。本手法はCNTの高い光熱変換効率を利用したものであり，レーザ局所加熱によりプラスチックとCNTが融合した導電性配線を形成できる。配線抵抗は $0.789\sim114$ kΩ/cmの範囲であり，レーザの照射条件を変更することで，異なる抵抗値を持つ領域を単一配線内に作製することが可能である。本プロセスにおいて配線として利用されなかった未利用CNTは回収され，再びCNT配線の原料として繰り返し利用できる。

2.1　はじめに

カーボンナノチューブ（CNT）は特異な物理的・化学的特性をもつため，フレキシブルデバイスの有望な要素部材の一つとして期待されている[1~3]。通常CNTの作製には高温プロセスが必要なので，耐熱の観点から典型的な柔軟な基板（プラスチックなど）を利用することができない。したがって，CNTをフレキシブルデバイスの部材として使用する場合，まず，高温プロセスである化学気相成長（CVD）法によりガラスやシリコンウェハのような硬質基板上にCNTを成長させ，リソグラフィー技術によりCNTをパターニングし，最後にCNTパターンをフレキシブル基板上に転写する手順が一般的にとられる[4]。この方法には2つの課題がある。1つは，高温プロセスとクリーンルームプロセスを含む連続プロセスが必要なこと，そしてもう1つは，転写されたCNT配線の電気抵抗は転写前のCNT膜の抵抗値によって決まるため，種々の抵抗値をもつCNT配線を作製するには転写工程を繰り返す必要があることである。以上の背景から，抵抗値が制御されたCNT配線をプラスチック基板上に直接形成できる簡便なプロセスの開発が必要とされている。

これまで，プラスチック基板上にCNT配線を直接形成する手法として，レーザ誘起前方転写（LIFT）法[5]と熱融着（TF）法[6]が報告されている。LIFT法は，レーザを照射した材料をターゲット基板に近接転写（アブレーション）する技術であり，多様な基板材料に対しCNT配線を直接描画できる。しかし，CNT配線の抵抗制御が困難である。一方TF法は，CNTをポリプロピレン（PP），ポリカーボネート（PC），エポキシなどのポリマーにあらかじめ混合しておき，混合物にレーザ照射しポリマーを蒸発させることで，CNTを多く含む導電性配線を形成することができる。TF法は，レーザ条件を変えることにより，フレキシブル基板上のCNT配線の抵抗を制御できるが，あらかじめCNTをポリマーと混合する必要があり，そのためには大量のCNTを準備しなければならない。しかも，複合材料中のほとんどのCNTは利用されないこと

---

　*　Takashi IKUNO　東京理科大学　先進工学部　電子システム工学科　准教授

第3章　機能と応用

が課題である。

ところで，材料の持続可能性やコストの観点から，CNTの使用量を最小にし，配線に使用されない余剰CNTの回収が期待されている。しかしながら，我々の知る限り，LIFT法とTF法の両方において未使用のCNTをリサイクルしたという報告はない。

そこで本研究では，上記の問題点を解決するために，LIFT法とTF法の利点をもちあわせた新規CNT配線作製法を開発した[7]。この方法を用いると，大気圧下，室温において，抵抗値が制御されたCNT配線をPPフィルム上に直接作製することができる。しかも，本手法を用いると，配線として利用されなかった未利用CNTを回収し，繰り返しCNT配線の原料として利用できるので，リサイクルの観点で他手法に比べて優位性をもつ。本稿では，我々が開発したCNT配線技術の概要について解説する。

2.2　配線プロセスおよび分析方法

図1に本研究で開発したプロセスを示す。独自開発したスプレー噴霧装置を用い，水分散多層カーボンナノチューブ（MWNTs）（名城ナノカーボン（MW-I））を，70℃に加熱されたPPフィルム（厚さ200 μm，サイズ5×5 cm；P466-1，ミスミ）にスプレー噴霧し，平均厚さ約10 μmのMWNTフィルムを作製した（図1(a)）。次に，MWNT/PPフィルムをX-Yステージにより移動させながら（走査速度：5 μm/s〜1 mm/s），半導体レーザ（波長405 nm，レーザパワー30〜66 mW）を照射した。最後に，フィルムをイオン交換水中で15分間超音波処理することでレーザ照射部以外の余剰MWNTを除去（図1(c)）し，その結果レーザ照射部のみが配線として形成された（図1(d)，図1(e)）。回収された余剰MWNT水溶液は，後述するように再利用した。

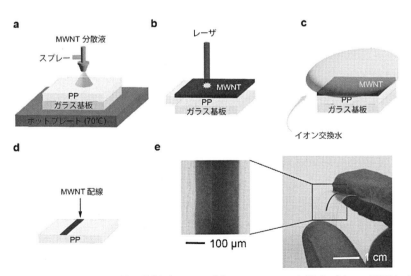

図1　PPフィルムへのMWNT配線の作製プロセス：(a) MWNTフィルム形成，(b)レーザ照射，(c)レーザ照射後の洗浄，(d)洗浄後。(e) PP上に作製されたMWNT配線。

超音波処理後，配線の微細構造観察には走査電子顕微鏡（SEM，SUPRA 40，Carl Zeiss）と光学顕微鏡（HISOMET 2，ユニオン光学）を用いた。配線の結晶性評価に顕微ラマン分光装置（inVia Reflex，Renishaw）を，電気伝導特性評価にソースメーター（2612A，Keithley）およびプローブステーションを用いた。

材料の持続可能性の観点から，配線に用いられなかった未使用の余剰 MWNT をリサイクルできることを実証した。上述した余剰 MWNT 水溶液を用い先程と同様の手法を用いて MWNT 配線を作製した。このようなリサイクルプロセスは 4 回繰り返され，リサイクルの回数に対する MWNT 配線の抵抗を調べた。

また，レーザ局所加熱による温度分布を理解するため，有限要素法（FEM）に基づく熱伝導シミュレーションを COMSOL Multiphysics 6.0 を使用して行った。シミュレーションモデルや計算条件の詳細は別の論文[7]に記載する。

2.3 結果と考察

図 2 (a)に，レーザパワー 66 mW，走査速度 1 mm/s の条件下で作製した配線の配線抵抗とレーザ走査回数の関係を示す。1 スキャンの配線抵抗は 14.6 kΩ/cm で，10 スキャンすると 3.72 kΩ/cmまで減少した。つまり，走査回数の増加に伴い配線抵抗は減少することがわかった。そして，挿入図の断面 SEM 像に示すように，走査回数が増えると厚さが増加することがわかった。図 2 (b)に，1 スキャンと 5 スキャン後の MWNT 配線の上面 SEM 画像および拡大された断面 SEM 画像を示す。1 スキャン後，MWNT が独立して存在するのではなく，PP フィルム内に MWNT が埋まっている複合構造が観察された。一方，5 スキャン後は，MWNT が独立し互いが絡まっている構造が観察された。つまり，走査回数増加に伴い相対的な PP の濃度が低下したと考えられる。

図 2 (c)は，さまざまなレーザパワーにおける配線抵抗とレーザ走査速度の関係である。条件により配線抵抗は 0.789〜114 kΩ/cm の範囲で変化し，走査速度の増加に伴い配線抵抗は減少しおおよそべき乗則に従った。また，図 2 (d)に示すように，レーザパワーとともに配線抵抗は指数関数的に減少することがわかった（図 2 (d)）。以上のように，レーザ照射条件（レーザパワー，走査速度，走査回数）により MWNT 配線の抵抗を制御できることを明らかにした。

次に，光学顕微鏡を用いて MWNT 配線の平均線幅を測定した。線幅は，レーザ走査方向に垂直な黒色領域の長さとして定義した（図 3 (a)の挿入図参照）。図 3 (a)は，さまざまなレーザパワーにおける平均配線幅とレーザ走査速度の関係である。線幅は，1 mm/s の走査速度を除いて，レーザの走査速度によってほとんど変化しなかった。一方，線幅はレーザの出力とともに増加し，レーザの条件によって 292〜683 μm の範囲で変化した。図 3 (b)は，レーザ出力 30 mW と 66 mW，走査速度 1 mm/s における線幅のレーザ走査回数依存性である。走査回数による線幅の変化はほとんど見られず，レーザ出力とともに線幅が広がった。

さらに，レーザ照射による MWNT の結晶性への影響を調べるためラマン分析を行った。図 3

第3章　機能と応用

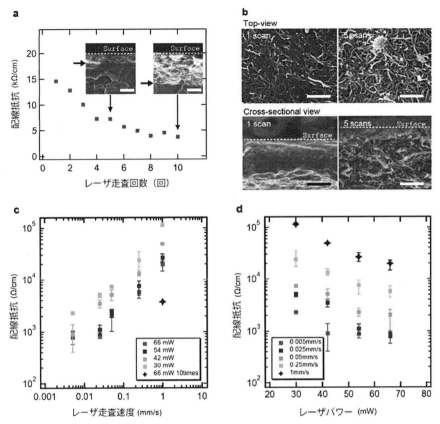

図2　(a)レーザ走査回数に対する配線抵抗（レーザパワー66 mW，走査速度1 mm/s）。挿入図は，5回および10回の走査後の断面SEM画像。スケールバーは2 μm。(b)上面および断面のSEM画像。スケールバーは0.5 μm。(c)走査速度および(d)レーザパワーに対する配線抵抗。エラーバーは最大値と最小値。

(c)にレーザ走査速度を変えたMWNT配線とレーザ照射前のMWNT膜のラマンスペクトルを示す。Dバンド（〜1350 cm^{-1}）とGバンド（〜1580 cm^{-1}）の2つの特徴的なピークがあり，それぞれsp^{2}結合の欠陥とグラファイト性を表す。各ピークの強度比（G/D比）はMWNTの結晶性を示し，走査速度0.05 mm/sでは0.73，走査速度1 mm/sでは0.90，照射前MWNTは0.78と見積もられた。この結果から，レーザ照射により結晶性が向上するが，走査速度が遅くなるに連れて結晶性が悪化することがわかった。

図3(d)は，1本の配線を作製する際走査速度を変化させた試料の，速度変化領域における光学顕微鏡像とラマンマッピングを重ね合わせたものである。走査速度を切り替えた界面ではG/D比が大きく変化した。走査速度の遅いMWNT配線はG/D比が小さく，結晶性が低かった。これは，長時間のレーザ照射によりMWNTの表面温度が上昇し，MWNTが酸化されたためと考えられ，走査速度の低下と結晶化度の低下の関係を説明できる。また，欠陥の多いMWNTは抵

カーボンナノチューブの研究開発と応用

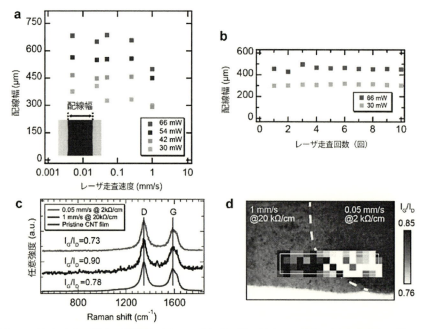

図3 (a)レーザ走査速度に対する配線幅。(b)レーザ走査回数に対する配線幅。(c)走査速度に対する配線のラマンスペクトル。(d)走査中に走査速度を変更した領域におけるラマンマッピング（I_G/I_D）。

抗が高くなるはずであるが，この結果は逆の傾向を示した。その理由は以下のように考えられる。

　単位長さあたりの抵抗（R）は，オームの法則から，$R = \rho/wd$ で表すことができる。ここで，ρ，w，d は，それぞれ抵抗率，配線幅，配線厚さである。図 3(a)，(b)に示すように，線幅は走査速度やレーザの走査回数にほとんど依存しなかったが，図 2(a)，(b)に示すように，照射回数の増加に伴い，配線の厚みと MWNT の相対濃度（配線中の ρ に相当）はともに増加した。フォトンエネルギーの時間的蓄積が MWNT と PP フィルムの熱融合を決定するとすれば，走査回数の増加は走査速度の低下と同義である可能性がある。したがって，配線の抵抗は主に ρ と d で決まるといえる。低速走査で局所的な結晶性が劣化したにも関わらず配線の抵抗が低下した理由は，MWNT の局所的な結晶性の劣化よりも，ρ の低下と d の増加の両方が支配的であったためであると考えられる。

　次に，MWNT 配線の形成メカニズムを調べるために，断面 SEM 観察と FEM に基づく熱伝導シミュレーションを行った。図 4(a)に，レーザ出力 66 mW，走査速度 0.05 mm/s で作製した MWNT 配線の断面 SEM 像を示す。図 4(a)を上から観察すると，中央部に黒く厚い MWNT 層が見られた。その幅は約 200 µm であった。MWNT 膜の直下には，直径約 60 µm の穴が多数観察された。プラスチック自立膜を加熱すると穴が形成され，温度とともに穴の数が増加することが報告されている[8]。したがって，厚い MWNT 層は高温領域と考えるのが自然である。穴の空

第3章　機能と応用

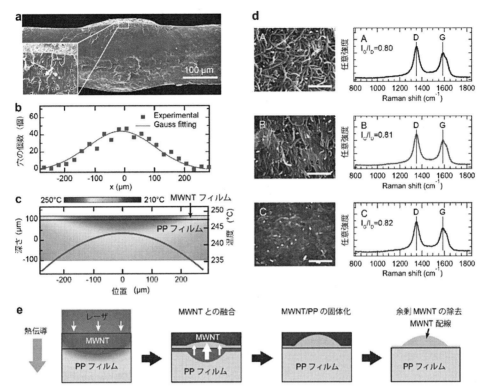

図4　(a)配線領域のフィルムの断面SEM像（レーザパワー66 mW，走査速度0.05 mm/s）。(b)細孔の密度分布。(c)温度分布（シミュレーション結果）。(d)MWNT配線のA：中心部，B：AとCの中間部，C：端部，のSEM像とラマンスペクトル。(e)配線の形成メカニズム。

間分布を調べたところ，図4(b)のように，穴の密度分布の半値幅は264.74 μmであり，MWNT層の幅と一致した。

図4(c)は，FEMにより得たレーザ照射下でのMWNT膜とPPフィルムとの境界の温度分布とフィルムの温度分布を重ねたものである。MWNT膜はPPよりも熱伝導率が高いため，熱は垂直方向よりも水平方向に優先的に伝導する。温度分布と前述した穴の分布は一致し，配線形成領域が高温領域であることを確かめることができた。図4(d)はMWNT配線のSEM像とラマンスペクトルである。配線の中央（A）から端（C）の各位置におけるものである。中央部ではMWNTが明瞭に観察されたが，端にいくにつれてMWNTがPPフィルムに埋もれた構造が観察された。一方，ラマンスペクトルのG/D比は観測された領域内でほぼ一定であった。

以上の結果から，MWNT配線の形成メカニズムは以下のように考えられる。図4(e)に示すように，MWNTは光熱変換効率が高いため，MWNT膜にレーザが照射されると発熱する。MWNT膜の熱伝導率は15 W/mK，PPの熱伝導率は0.180 W/mKなので，平面的に熱が伝わりやすい。そして局所的に加熱されたPPは溶融もしくはガス化しMWNT膜中に拡散しPP/MWNT複合層を形成する。その結果，レーザの中心部では厚いPP/MWNT複合層が形成

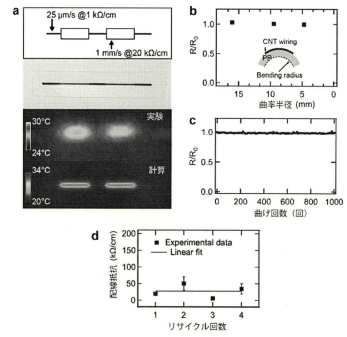

図5 (a)1本の配線内部に低抵抗領域と高抵抗領域を作製し通電加熱したときの温度マッピング。(b)曲率半径と抵抗変化の関係。(c)曲げ回数に対する抵抗変化。(d)リサイクル回数に対する配線抵抗の関係。

され，レーザの端部では薄いPP/MWNT複合層が形成される。レーザの出力が高くなるにつれて，PP/MWNT複合層は厚くなり，厚いMWNT層には多数のMWNTが存在するため，抵抗が低下したと考えられる。

　我々は，レーザ条件を制御することで，MWNT配線の抵抗値を変化させることができることを見出した。配線の抵抗変化を可視化するために，走査速度を変化させながら1本の配線に電圧を印加し，サーモグラフィを用いて温度分布を測定した。図5(a)に回路図，写真，サーモグラフィ画像，シミュレーション画像を示す。レーザ走査速度が速い領域ではジュール発熱により温度が上昇し，この結果はシミュレーション結果と一致した。

　図5(b)は，MWNT配線を湾曲させたときの曲率半径と抵抗変化（R/R_0）との関係である。配線抵抗は曲率半径に依らず一定であった。MWNT配線の信頼性を調べるために，繰り返し曲げ試験を行った。曲率半径9.5 mmで1000回折り曲げその都度抵抗変化を測定した。その結果，図5(c)に示すように，1000回の曲げ後もMWNT配線の抵抗値は一定であり，湾曲による構造劣化がなく信頼性の高い配線であることがわかった。

　次に，PPフィルム上での未使用MWNTのリサイクルを実証した。レーザを照射していない部分の未使用MWNTからMWNT水溶液を作製した。回収したMWNT水溶液を再度スプレー噴霧に使用した。図5(d)は，MWNTの抵抗値をリサイクル回数の関数として示したものである。

第3章　機能と応用

概算法で作製した MWNT 配線の抵抗値は，4倍までほぼ一定であった。本手法は，従来の TF 法よりも MWNT の使用量を減らすことができ，効率的に MWNT を使用できることが実証された。

2.4　まとめ

本研究では，大気圧・室温において PP フィルム上に MWNT 配線を直接描画する手法を開発した。レーザ条件を制御することによって，配線抵抗を 0.789〜114 kΩ/cm の範囲で制御できた。MWNT 配線は柔軟で，1000 回湾曲を繰り返しても抵抗変化は見られなかった。また，配線に使用しなかった MWNT は容易にリサイクルすることができリサイクル後も抵抗値は変化しないことを実証した。今回開発した技術は，フレキシブルデバイスの大量普及時代に向けた安価かつ簡便な CNT 配線技術として利用できると考えられる。

謝辞

本研究は，東京理科大学大学院先進工学研究科電子システム工学専攻の小松裕明氏，松浪隆寛氏，杉田洋介氏の協力により実施されました。本研究の一部は，文部科学省科学研究費補助金基盤研究 (C) (22K04880) および文部科学省「先端材料・ナノテクノロジー研究基盤整備事業（ARIM）(JPMXP1222NM0102)」の支援により行われました。

文　　　献

1) D.-M. Sun *et al.*, *Nat. Commun.*, **4**, 2302（2013）
2) M. Rana, S. Asim, B. Hao, S. Yang, and P.-C. Ma, *Adv. Sustain. Syst.*, **1**, 1700022（2017）
3) Y. Zou *et al.*, *Adv. Mater.*, **25**, 6050-6056（2013）
4) T. Y. Tsai, C. Y. Lee, N. H. Tai, and W. H. Tuan, *Appl. Phys. Lett.*, **95**, 013107（2009）
5) P. Serra, and A. Piqué, *Adv. Mater. Technol.*, **4**, 1800099（2019）
6) G. Colucci, C. Beltrame, M. Giorcelli, A. Veca, and C. Badini, *R SC Adv.*, **6**, 28522-28531（2016）
7) H. Komatsu, T. Matsunami, Y. Sugita, and T. Ikuno, *Sci. Rep.*, **13**, 2254（2023）
8) A. B. Croll, and K. Dalnoki-Veress, *Soft Matter*, **6**, 5547（2010）

3 カーボンナノチューブを活用した赤外線センサ

田中　朋[*1]，佐野雅彦[*2]，弓削亮太[*3]

3.1　はじめに

　赤外線センサは，赤外線を電気信号に変換して温度情報を取得する技術で，人や物体から放射される赤外線を検知することができる。そのため，人体のサーモグラフィー，構造物や食品等の検査機器，夜間における自動車の運転をサポートするナイトビジョン，航空機の航行支援システム，及び，防犯カメラなど，安全・安心な社会インフラの実現のため様々な領域で利用される[1]。赤外線センサは，その検出原理から「量子型」と「熱型」に分類される。前者は赤外線の波長によって決まるエネルギーに対応するバンドギャップを有する半導体材料を受光部に用いて，赤外線入射によるキャリア励起を電気信号として取り出すことを利用するセンサである。赤外線受光部に用いる材料として HgCdTe[2] や InSb[2] などがよく知られ，さらに近年では QDIP（Quantum Dot Infrared Photodetectors，量子ドット型赤外線センサ）[3] や T2SL（Type 2 Super Lattice，タイプ2超格子）センサ[4] なども実用化されている。量子型センサで目標からの赤外線を検出するためには，低温に冷却し暗電流低減による雑音を低減する必要がある。したがって，通常，量子型センサは冷却型センサとも呼ばれる。一方，熱型センサは入射赤外線による受光部の温度変化を電気信号に変換する方式で，起電力を検知するサーモパイル型[5]，焦電効果を利用する焦電型[6]，抵抗変化によるボロメータ型[1] などがある。多くの場合室温付近で動作するため冷却が不要で，非冷却型センサとも呼ばれる。

　非冷却型赤外線センサは，赤外線センサ市場のおよそ 90％占め，特にイメージセンサとしては集積化が容易な，ボロメータ型が主流である。ボロメータ型センサの材料において，感度特性を決める最も重要な性能指標の一つに温度変化に対する電気抵抗の変化（Temperature coefficient of resistance：TCR）がある。現在ボロメータ材としてよく用いられる酸化バナジウム（VO_x）の室温付近の TCR はおよそ -2％/K 程度である[7]。近年，感度向上のため新規材料の探索が行われ，有望な新規材料の一つが炭素からなる直径数 nm の一次元材料であるカーボンナノチューブ（CNT）[8,9] によるネットワーク膜である。2006 年の最初の報告では，電極間で宙に浮かせた単層 CNT ネットワーク膜において，室温付近で -1％/K の TCR であった[10]。一般的な方法で合成された単層 CNT は，金属型と半導体型それぞれの電気特性を示すものが一定の

---

* ＊1　Tomo TANAKA　日本電気㈱　セキュアシステムプラットフォーム研究所
　　　　　　　　　　主任研究員
* ＊2　Masahiko SANO　日本電気㈱　セキュアシステムプラットフォーム研究所
　　　　　　　　　　プロフェッショナル
* ＊3　Ryota YUGE　日本電気㈱　セキュアシステムプラットフォーム研究所　主幹研究員

第3章　機能と応用

割合で混在する。その後，半導体型 CNT のバンドギャップが TCR に寄与するとの考えから，半導体型 CNT を高純度に抽出した半導体型 CNT 薄膜を用いたボロメータが作製され，その TCR はおよそ−2.1％/K を示し，半導体型 CNT の優位性が示された[11]。

NEC は，1991 年に飯島澄男特別主席研究員により CNT を世界で初めて発見し[8]，これまでナノ炭素材料の製造，精製及びデバイス化等ナノテクノロジー領域を牽引する研究開発を進めてきた。2013 年には，従来のフォトリソグラフィ等を使用する半導体プロセスではなく，印刷技術を活用して大面積の電子回路を低価格で製造可能とする薄膜 CNT トランジスタを，プラスチックフィルム上に印刷形成する技術を開発し，その後薄膜 CNT トランジスタをアレイ化し，フレキシブルな圧力センサの作製に成功した[12]。2018 年には，合成直後の金属型と半導体型が混在する単層 CNT から，高純度に半導体型のみを抽出する電界誘起層形成法（ELF 法）を開発し，その技術をライセンス化している[13,14]。我々は，この技術で抽出した高純度の半導体型 CNT による薄膜（CNT ネットワーク膜）が常温付近において極めて高い TCR（約−6％/K）を示すことを発見し[15]，赤外線イメージセンサ開発に着手した。また，我々は，非冷却型赤外線イメージセンサにおいて，過去数十年にわたり研究開発から製品化を繰り返し，2012 年には，VO_x をボロメータ材料に使用した独自の MEMS（Micro Electro Mechanical Systems）技術を用いた特殊な画素構造により，当時においては世界最小となる画素ピッチ 12 μm で 640×480 ドットの高精細を実現している[16]。

現在，上記の実績・ノウハウを利活用することで，新たな高感度 CNT 赤外線イメージセンサの研究開発に取り組んでいる。高感度化のための重要な指標である TCR を，半導体型 CNT ネットワーク膜の構造最適化により，従来の酸化バナジウム材料の 3 倍程度まで向上させ，それを検出部に適用している。また，従来の非冷却型赤外線イメージセンサに採用している熱分離構造と，この構造を実現するために NEC の赤外線センサ製品に使われていた MEMS 素子化技術，および，印刷トランジスタ等で長年培ってきた CNT の印刷製造技術を融合することで，新たなデバイス構造を設計し，それらをアレイ化した 640×480 画素の高精細な非冷却型赤外線イメージセンサの作製・動作に成功している[17]。本稿では，CNT の金属・半導体分離技術，半導体型 CNT の成膜・評価技術，MEMS 素子化技術，及び，得られた素子のセンサ性能について紹介する。

3.2　単層 CNT の金属・半導体分離技術

単層 CNT は，グラフェンシート 1 枚からできた円筒状の物質であり，直径約 1 nm，長さ数 μm の炭素による一次元構造体である。その構造は sp^2 共有結合から構成され，優れた導電性，熱導電性，機械的性質を有する。また，炭素の六角形の並び方の違い（カイラリティ）で半導体的性質を示したり，金属的性質を示したりするのも特徴で，単層 CNT は半導体型と金属型が 2：1 の割合で生成され，それに起因する独特な電子的，磁気的，光学的物性が出現する。

電界誘起層形成法（ELF 法）は，NEC の井原らにより開発された手法で，単層 CNT を非イ

99

カーボンナノチューブの研究開発と応用

オン性界面活性剤により単分散し，その分散液を分離装置に入れ，上下に配置された電極に電圧を印加することで，無担体電気泳動により金属型CNTと半導体型CNTを分離する技術である[13,14]。単層CNTを非イオン性界面活性剤により分散した場合，半導体型CNTのミセルは大きな負のゼータ電位を持ち，金属型CNTのミセルは非常に小さい負のゼータ電位を持つ。そのため単層CNT分散液に電界を印加すると，半導体型CNTミセルは陽極方向へ，金属型は電気浸透流により陰極方向へ電気泳動する[18]。最終的には陽極付近に半導体型CNTが濃縮された層形成され，陰極付近に金属型CNTが濃縮された層が分離槽内に形成される。

図1は，分離開始前(a)と分離後(b)の金属・半導体型CNT分離装置写真である[15]。単層CNT分散液は，以下のプロセスで作製する。まず，1 wt%のBrij水溶液に単層CNT（名城ナノカーボン製EC1.0）を浸漬させ，その後チップ型の超音波分散装置（30分間×6回）で単層CNTを単分散させる。その後，単分散化した単層CNTを，超遠心分離装置（50000 rpm, 50分間）を使って分散溶液と沈殿物に分離し，上澄みをCNT分散液としてELF法で分離する。図1(a)は，上段(A)に純水20 ml，中段(B)に単層CNT溶液を70 ml，下段(C)に2 wt%Brij水溶液を挿入した状態である。分離装置の上段を陰極，下段を陽極とし，200 Vの電圧をかける（無担体電気泳動）。図1(b)が72時間後の分離装置写真である。上段が赤色，中段が透明，下段が緑色になっている。得られた上段と下段の溶液をそれぞれ金属型CNT分散液，半導体型CNT分散液として使用する。

図2(a)は，CNT分散液（分離前），金属型CNT分散液，半導体型CNT分散液のUV/Vis吸収スペクトルである。図中の各々のピークは，CNTの直径（カイラリティ）に由来するものである。S_{11}, S_{22}, M_{22}に由来する吸収帯が明瞭に観察される。分離前，半導体型，金属型を比較すると，半導体型は500～600 nm付近のM_{22}に由来するピークがなくなっていることが分かる。CNTの直径と遷移エネルギーを示す片浦プロット[19,20]とS_{22}のエネルギー領域の範囲から，0.5～1.5 nm程度の単層CNTが含まれていることが確認できる。

一般に半導体型CNTのS_{11}とS_{22}の組み合わせはカイラリティごとに固有であるため，S_{22}の

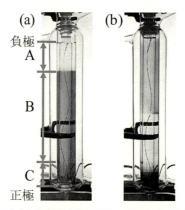

図1 分離開始前(a)と分離後(b)の金属・半導体型CNT分離装置写真

第3章　機能と応用

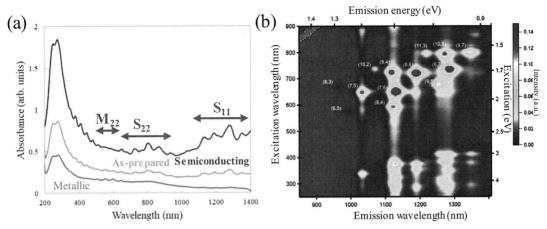

図2　(a) CNT分散液（分離前），金属型CNT分散液，半導体型CNT分散液のUV/Vis吸収スペクトル，(b) 半導体型CNTの近赤外3次元発光スペクトル

エネルギー（波長）で励起し，S_{11}のエネルギー（波長）での発光を観測することで，カイラリティの異なる半導体型CNTに由来する発光を分離観測することができる。したがって，励起波長と観測波長を系統的に変えて発光を測定する3次元発光スペクトル測定により，相対発光強度分布から半導体型CNTのカイラリティ分布[21]が得られる。なお，金属型単層CNTは非発光性であるため，カイラリティ分布に関する情報は得らえない。図2(b)は，半導体型CNTの近赤外3次元発光スペクトルである。ここで，励起波長とほぼ同じ波長に観測されている成分は励起光の散乱に由来する。また，励起波長500 nm付近以下にみられる発光ピークにはS_{33}のエネルギーで励起した後のS_{11}のエネルギーでの発光に主に帰属される。カイラリティを帰属した発光ピークより[20]，直径0.9～1.0 nmの(7,6)，(8,6)，(8,7)の半導体型CNTが多く含まれている。

分離前，分離後の金属・半導体成分を共鳴ラマンスペクトル測定し，その金属成分・半導体成分のラマン強度変化から半導体型CNTの純度を見積もることができる。ELF法による分離では，半導体成分がおよそ99％になる[14]。ELF法は，非イオン性界面活性剤を使用するため，CNTを成膜する際界面活性剤の除去が容易であり，不純物を含まない高密度な膜を作製することができる。

3.3　CNTネットワーク膜の電気特性・TCR評価

半導体型CNTネットワーク膜の基本的な電気特性を明らかにするために，Si基板上に成膜し，評価を行った。図3(a)は，真上からみた評価用電極写真，図3(b)は，評価用電極の断面の概略図である。評価用電極は，最初にコンタクト電極としてTi/Au電極をSiO_2/Si基板上に成膜する（図3(b)）。次に，基板表面にSiO_2をスパッタ蒸着し，CNT成膜用の下地層として2つの電極間を除いてエッチングする。単層CNTを成膜するために得られた評価用電極基板を有機洗浄し，3-aminopropyltriethoxysilane（APTES）溶液に浸漬して，SiO_2表面上にAPTES自己

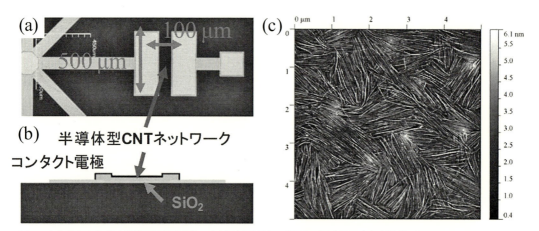

図3 (a)真上から見た評価用電極写真，(b)評価用電極の断面の概略図，(c)半導体型 CNT ネットワーク膜の AFM 像

組織化単分子膜を形成させる。その後，半導体型単層 CNT 分散液を基板に滴下し，イソプロピルアルコール及び水で洗浄することで余分な単層 CNT と界面活性剤を除去する。ここで，APTES 膜は，分散液中の個々の半導体型 CNT を吸着させる役割を果たす。図3(c)は，半導体型 CNT ネットワーク膜の原子間力顕微鏡（AFM）像である[15]。半導体型 CNT ネットワーク膜は，SiO₂ 上に高密度に成膜され，1 μm 程度のドメイン内で配向していることが分かる。

作製した半導体型 CNT ネットワーク膜電極の電気伝導特性評価は，試料を液体窒素クライオスタットに取り付け，真空中で温度制御しながら実施した。図4(a)は，温度が283 K から318 K での電流電圧測定結果である[15]。半導体型 CNT ネットワーク膜の抵抗は，温度の上昇に伴い

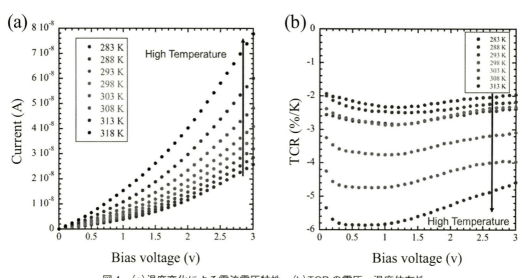

図4 (a)温度変化による電流電圧特性，(b)TCR の電圧・温度依存性

減少し，負の TCR を示した。この温度依存性から TCR は次式で計算される。

$$TCR = \frac{(R_1 - R_2)}{R_1(T_1 - T_2)}$$

ここで，T_1 と T_2 は 2 つの異なる試料温度（$T_1 < T_2$），R_1 と R_2 は各温度における抵抗値である。図 4(b) は，上記の式を使って算出した TCR の電圧依存性のグラフである[15]。試料温度が高くなるにつれて TCR の絶対値は増加し，313 K ではおおよそ −6 %/K であり，VO_x の −2 %/K の 3 倍となった。したがって，ELF 法で分離した半導体型 CNT ネットワーク膜は非常に高い TCR を有する。この半導体型 CNT ネットワーク膜を赤外線検出部に使用すれば優れたセンサ性能を得ることができる。高 TCR 値が得られる理由は明らかではないが，おそらく半導電型 CNT 同士の接点での抵抗変化に起因すると思われる。また，基板上に高密度・局所配向している，非イオン性界面活性剤がデバイス作製プロセス中に容易に除去できる等も関係している可能性がある。

3.4 CNT 赤外線イメージセンサ素子作製

図 5 は，半導体型 CNT ネットワーク膜を用いた 640×480 ピクセル，セルピッチ 23.5 μm のボロメータ型 CNT 赤外線イメージセンサの SEM 像であり，図 5(a) と図 5(b) は，それぞれアレイ素子の上面図と単一素子の透視図である[17]。赤外線の受光部は，保護膜を兼ねる赤外線吸収膜とボロメータ材料（半導体型 CNT ネットワーク膜）で構成され，ヒートシンクとして機能する読み出し集積回路（Readout integrated circuits：ROIC）基板上に 2 本の支持脚で懸架されている。支持脚は保護膜に覆われた金属配線で形成され，セルコンタクト部で ROIC と接触し，ボロメータ材料と ROIC とを電気的，熱的に接続する。図 5(b) より，セルコンタクト部でのみ ROIC と接触しており，受光部や支持脚は宙に浮いていることが確認できる。

図 6 は，得られた素子の MEMS と印刷プロセスを組み合わせた素子作製手順である。赤外線吸収層及びボロメータ材料と支持脚は，ROIC 基板上にボトムアッププロセスで形成する。

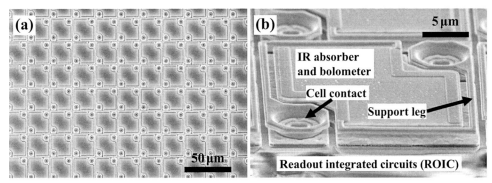

図 5　640×480 ピクセルの CNT 赤外線イメージセンサの SEM 像
((a) アレイ素子の上面図，(b) 図単一素子の透視図)

カーボンナノチューブの研究開発と応用

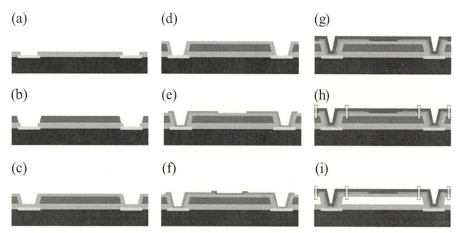

図6 CNT赤外線イメージセンサ素子の作製プロセス

ROIC 基板には，各画素を ROIC 回路に接続するためのコンタクトパッドがある。まず，コンタクトパッド上の保護膜をエッチングで除去し，セルコンタクトパッドを露出させる（図6(a)）。次に，セルパッドの上面を開口するようにパターニングした犠牲層を作製する（図6(b)）。犠牲層の上面には保護膜として SiN_x 膜，その上に均一な半導体型 CNT ネットワーク膜形成に必要な SiO_2 膜を形成する（図6(c)）。保護膜で覆われたセルコンタクトを再度エッチングにより開口し（図6(d))，セルコンタクトと半導体型 CNT ネットワーク膜を接続する TiAlV（TAV）配線パターンを作製する（図6(e)）。その後，ウェットプロセスにより，ROIC 基板全面に半導体型 CNT ネットワーク膜を成膜する（図6(f)）。ここで，半導体型 CNT ネットワーク膜と SiO_2 膜の接着は，APTES（(3-aminopropyl) triethoxysilane）を用いた。この半導体型 CNT ネットワーク膜を SiO_2 と TAV の電極表面に固定し，各受光部の2つの電極間を電気的に導通させる。半導体型 CNT ネットワーク膜上には，上部保護膜として SiN_x 膜を形成する（図6(g)）。その後，ROIC の入出力パッドを開口，保護膜上に犠牲層除去用スリットと画素分離用スリットを形成し（図6(h)），ROIC 基板をチップごとにハーフカットする。最後に，ドライエッチングにより犠牲層を除去する（図6(i)）。チップサイズはおよそ 17 mm 角である。チップには画素が2次元アレイ状に並んでいるエリアに加え，信号処理部と評価用 TEG（Test element group）エリア部が形成されている。

図7に，SiO_2 膜上に作製した半導電型 CNT ネットワーク膜の SEM 像を示す[17]。SiO_2 上に高密度に形成され，部分的に配向し，TAV 電極と半導体型 CNT ネットワーク膜が密着している様子を観察することができる。

第 3 章　機能と応用

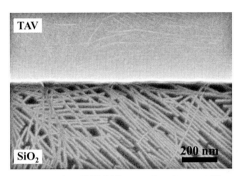

図 7　SiO$_2$ と TAV 上の半導体型 CNT ネットワーク膜の SEM 像

3.5　CNT 赤外線イメージセンサ素子の性能評価

マイクロボロメータの画素部における感度，Responsivity（R_V）は以下の式で表すことができる。

$$R_V = \frac{\alpha \eta V_B}{G_{th}} \frac{1}{\sqrt{1+(2\pi f \tau_t)^2}} \quad \left[\frac{V}{W}\right]$$

ここで，α はボロメータ材料薄膜の TCR，η は赤外吸収係数，V_B はボロメータ両端に印加するバイアス電圧，G_{th} は受光部と ROIC 基板間の熱コンダクタンス，f は動作周波数，τ_t は熱時定数である。熱時定数は，受光部の熱容量（H）と熱コンダクタンス（G_{th}）から以下の式で表される。

$$\tau_t = H/G_{th}$$

一般的に熱時定数は赤外線検出器の動作速度，カメラの場合はすなわち撮像フレームレートより小さくなるように設計する。

一般に赤外線センサを総合的に評価する指標として，比検出能 D^* が用いられている。これは感度/雑音（ノイズ）比をセンサの受光面積とアンプのバンド幅 Δf で標準化したものである。すなわち，検出面積によらずに検出器の特性そのものを比べられるように，検出素子面積 1 cm^2，電気回路の雑音帯域 1 Hz で規格化する。D^* は，以下の式で表すことができる。

$$D^* = \frac{S/N \cdot \Delta f^{1/2}}{P \cdot A^{1/2}} \quad \left[\frac{cmHz^{1/2}}{W}\right]$$

ここで，P は入射エネルギー（W/cm^2），A は検出素子の受光面積（cm^2），S は信号出力（V），N は雑音出力（V），Δf は雑音帯域幅（Hz）である。

以上からボロメータ型赤外線検出器の性能は，主に感度と雑音の比で決まる。感度においては，主にボロメータ材料の TCR，受光部と基板間の熱コンダクタンス及び熱時定数に強く依存することが分かる。熱コンダクタンス及び熱時定数は支持脚の材料及び構造で決まるが，動作速度とのトレードオフがある。一方でボロメータ薄膜材料の TCR については，その改善による独

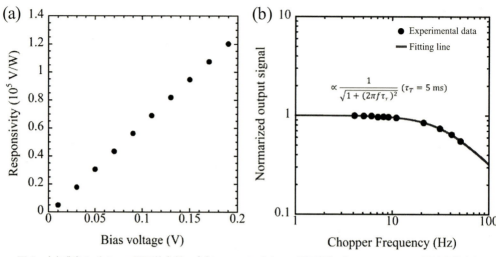

図8　(a)感度のバイアス電圧依存性，(b)0.13Vのバイアス電圧印加時のチョッパーの周波数依存性

立した感度向上が可能となる。また，ボロメータ型赤外線センサの雑音においては，通常1/fノイズ，ジョンソンノイズ，熱揺らぎノイズ等が支配的である。

作製した検出器の感度（R_V）評価は，ROICなしで動作可能なTEGを用いて行った。まず，感度評価のためのTEG素子と接続したセラミックキャリアを，電気信号を通すフィードスルーとZnSeの光学窓を持つ真空デュワー内に設置し，真空排気を行う。チョッピングされたキャビティ型黒体炉の赤外光は，ZnSeの光学窓を通してTEGに照射する。その際に，低ノイズ電源を用いてTEG及びTEGと同等の抵抗値を持つ金属被膜抵抗に直列にバイアス電圧を印加し，TEGと金属皮膜抵抗間の電位を低ノイズアンプで増幅，その出力信号をロックインアンプで検波することで，赤外光照射時の抵抗変化を評価する。図8(a)は，チョッパー周波数10Hzにおける感度のバイアス電圧依存性を示している[17]。感度はバイアス電圧に対して直線的に増加し，0.2Vで10^5（V/W）以上である。図8(b)は，感度のチョッパー周波数依存性を示している[17]。一般に，チョッパーの周波数が高くなると，赤外光の照射の有無によって受光素子の加熱・冷却過程が動作速度に追従できなくなるため，感度は低下する。図8(b)をR_Vの式を用いてフィッティングしたところ，熱時定数は約5msと見積もれる。この値は，設計値とおおよそ一致し，一般的なボロメータ型カメラに求められる動作速度の水準を満たしている。

雑音の評価には，感度測定と同様のTEGを用いた。評価系を図9の挿入図として示す[22]。真空デュワー内にTEGが形成されたセンサチップを設置し，センサ素子とロード抵抗に直列に電圧を印加，センサ素子とロード抵抗間の電位をカレントアンプで増幅し，スペクトルアナライザで雑音の周波数依存性を測定する。ロード抵抗はセンサ素子と同程度の抵抗値のものを選定している。図9は，電圧雑音パワー密度のバイアス電圧依存性[22]である。一般的にMEMS型マイクロボロメータは100Hz未満のフレームレートで用いられ，これを元に測定周波数範囲を設定

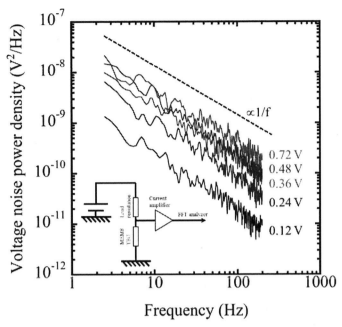

図9 電圧雑音パワー密度のバイアス電圧依存性

する。測定範囲内では雑音密度は周波数におおよそ反比例し，1/f 雑音が支配的であることが分かる。この値は，以前の半導体型 CNT 膜の報告とおおよそ一致している[23]。1/f ノイズは，主に周囲の電子欠陥にトラップされることによるキャリア数のゆらぎに起因すると考えられ，CNT ネットワーク膜内外の欠陥トラップを低減することで更なるノイズ低減が期待できる。

　感度測定及びノイズ測定結果から，上記の計算式により比検出能 D^* を算出できる。ノイズ測定を行ったサンプルの D^* は，およそ 10^9 と見積もられ，通常のボロメータ材料の VO_x や a-Si より高い感度を示した。今後の CNT 赤外線センサの更なる D^* 向上のためには，CNT ネットワーク膜の高 TCR 化による感度向上に加え，1/f 雑音の低減も重要である。高 TCR 化には，CNT の小直径化，同一カイラリティによる CNT ネットワーク膜の作製等が考えらえる。また，ノイズ低減には CNT 自身の結晶性の向上，CNT ネットワーク膜の低抵抗化，及び，酸化物等による CNT ネットワーク膜の保護等が考えられる。

3.6　おわりに

　本稿では，CNT の分離技術，CNT の成膜技術，半導体型 CNT ネットワーク膜の評価，MEMS 素子化技術，及び，得られた素子のセンサ性能について紹介した。CNT の分離技術においては，NEC の独自技術の ELF 法を紹介した。低コストで，高純度に半導体型 CNT を抽出する技術で，非イオン性界面活性剤を利用することからデバイス性能を劣化させず，CNT の物性を活かすことができる。赤外線検出材料である半導電型 CNT ネットワーク膜の成膜技術におい

ては，SiO₂上に微小なドメインが局所的に配列して高密度に形成される手法を紹介した。その電気特性から TCR がおよそ−6%/K であり，従来の VOₓの約 3 倍であった。MEMS 素子化技術では，MEMS プロセスと印刷製造プロセスを組み合わせた新しい素子構造を提案し，640×480 ピクセルのセンサ素子の作製に成功した。素子のセンサ性能については，TEG を使って評価を行い，感度が 0.2 V で 10^5（V/W）以上を示した。また，感度のチョッパー周波数依存性から熱時定数は約 5 ms と見積もることができた。同様に TEG を使用してノイズ測定を行い，主に 1/f ノイズが支配的であることを示した。また，感度とノイズから比検出能 D* を評価し，通常のボロメータ材料の VOₓや a-Si よりも高い値を示すことを明らかにした。今後は，更なる高性能化を目指して，高 TCR 化，低ノイズ化による D* 向上，赤外線吸収率の改善，受光部構造の改良だけでなく，ROIC による画像取得を行う予定である。

赤外線イメージセンサの社会ニーズが高まる中で，民生・防衛どちらの用途においてもより高感度・高精細化に向けた技術が必要である。その中で，高感度・高精細化が期待できる半導体型 CNT ネットワーク膜を検出部に利用した赤外線イメージセンサの開発・改良は必要不可欠なものになると思われる。

謝辞

本研究の一部は，防衛装備庁が実施する安全保障技術研究推進制度 JPJ004596 の支援を受けたものである。関係各位の方々に，深く感謝致します。

文　　　献

1) P. V. K. Yadav, I. Yadav, B. Ajitha, A. Rajasekar, S. Gupta, Y. A. K. Reddy, *Sens. actuators. A Phys.*, **342**, 113611 (2022)
2) A. Rogalski, P. Martyniuk, M, Kopytko, *Rep. Prog. Phys.*, **79**, 046501 (2016)
3) A. Ren, L. Yuan, H. Xu, J. Wu, Z. Wang, *J. Mater. Chem. C*, **7**, 14441 (2019)
4) D. Kwan, M. Kesaria, E. Anyebe, D. Huffaker, *Infrared Phys. Technol.*, **116**, 103756 (2021)
5) H. Hou, Q. Huang, G. Liu, G. Qiao, *Infrared Phys. Technol.*, **102**, 103058 (2019)
6) D. Zhang, H. Wu, C. R. Bowen, Y. Yang, *Small*, **17**, 2103960 (2021)
7) C. Chen, X. Yi, X. Zhao, B. Xiong, *Sen. Act. A. Phys.*, **90**, 212 (2001)
8) S. Iijima, *Nature*, **354**, 56 (1991)
9) S. Iijima, T. Ichihashi, *Nature*, **363**, 603 (1993)
10) M. E. Itkis, F. Borondics, A. Yu, R. C. Haddon, *Science*, **312**, 413 (2006)
11) K. Narita, R. Kuribayashi, E. Altintas, H. Someya, K. Tsuda, K. Ohashi, T. Tabuchi, S. Okubo, M. Imazato, S. Komatsubara, *Sens. actuators. A Phys.*, **195**, 142 (2013)

12) H. Numata, S. Asano, F. Sasaki, T. Saito, F. Nihey, H. Kataura, Proc. 16th Int. Conf. IEEE-NANO, 849 (2016)
13) K. Ihara, H. Endoh, T. Saito, F. Nihey, *J. Phys. Chem. C*, **115**, 22827 (2011)
14) K. Ihara, H. Numata, F. Nihey, R. Yuge, H. Endoh, *ACS Appl. Nano Mater.*, **2**, 4286 (2019)
15) T. Tanaka, T. Shibuya, N. Tonouchi, T. Miyamoto, M. Kanaori, N. Fukuda, R. Yuge, Proc. SPIE, 12534, 125341U (2023)
16) S. Tohyama, M. Miyoshi, S. Kurashina, N. Ito, T. Sasaki, A. Ajisawa, Y. Tanaka, *Opt. Eng.*, **45**, 014001 (2006)
17) T. Tanaka, M. Sano, M. Noguchi, T. Miyazaki, M. Kanaori, T. Miyamoto, N. Oda, R. Yuge, Proc. of SPIE, 13046, 130460X (2024)
18) Y. Kuwahara, F. Sasaki, T. Saito, *J. Phys. Chem. C*, **123**, 3829 (2019)
19) H. Kataura, Y. Kumazawa, Y. Maniwa, I. Umezu, S. Suzuki, Y. Ohtsuka, Y. Achiba, *Synth. Met.*, **103**, 2555 (1999)
20) R. B. Weisman, S. M. Bachilo, *Nano Lett.*, **3**, 1235 (2003)
21) S. M. Bachilo, M. S. Strano, C. Kittrell, R. H. Hauge, R. E. Smalley, R. B. Weisman, *Science*, **298**, 2361 (2002)
22) 田中朋, 佐野雅彦, 野口将高, 宮崎孝, 宮本俊江, 金折恵, 弓削亮太, 第85回応用物理学会秋季学術講演会, 16a-A31-8 (2024)
23) T. Tanaka, E. Sano, *Jpn. J. Appl. Phys.*, **53**, 090302 (2014)

4 カーボンナノチューブの化学修飾によるカラーセンター形成と新たな近赤外発光特性の発現

白木智丈*

4.1 単層カーボンナノチューブと近赤外発光機能

単層カーボンナノチューブ（single-walled carbon nanotube：SWCNT）は，グラフェンを筒状に丸めた構造で形成されたナノ材料である（図1）。SWCNTは，カイラリティと呼ばれるグラフェンを円筒状にする際に重ね合わせる六員環の位置を（n, m）の整数の組み合わせで示す構造指標（カイラル指数：直径の違いなどに対応）を基に，チューブ構造の違いが表される。興味深いことに，SWCNTはカイラル指数の違いに応じて半導体性や金属性の異なる性質を示し，SWCNTという一つの材料でありながらもナノスケールでの構造の違いを明瞭に反映した多様な物性が発現する。特に，半導体性SWCNTは，最低エネルギー遷移（E_{11}）に基づくバンドギャップが近赤外光のエネルギーと一致することから，光吸収や発光が近赤外領域で観測される（一般に，900 nm以上）。そのため，SWCNTは近赤外発光性ナノ素材として広く研究・開発が進められてきた。

SWCNTの近赤外発光は，光励起により生じる励起子（電子と正孔のペア）が再結合する際の輻射緩和過程に基づき生じる。化学気相成長（chemical vapor deposition：CVD）法などで合成されるSWCNTは一般に様々なカイラリティのチューブが凝集した粉末として得られ，この

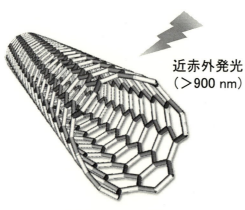

図1 近赤外発光を示す SWCNT のイメージ図

---

* Tomohiro SHIRAKI 九州大学 大学院工学研究院応用化学部門（分子）／
カーボンニュートラル・エネルギー国際研究所（I2CNER） 准教授

第 3 章　機能と応用

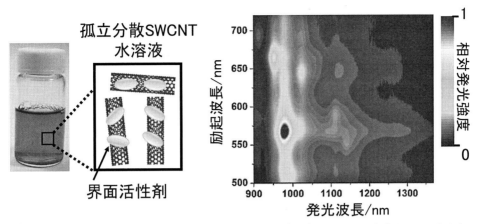

図 2　可溶化技術により調製した孤立分散 SWCNT 水溶液と (6, 5) SWCNT が主成分として多く含まれている試料を用いた際に観測される近赤外発光（二次元発光マッピング像）

状態では金属性 SWCNT へのエネルギー移動等が起きるため発光は観測されない。一方，界面活性剤ミセルコーティングやポリマーラッピングなどの SWCNT 分散技術によって各チューブを溶媒中に孤立させたり，シリコン基板などに形成させた溝の間を架橋した単一チューブの状態にしたりすることで，SWCNT からの発光を観測できるようになる（図 2）[1]。以上のように，SWCNT は近赤外発光素材として有望な材料として位置付けられるが，現状は単一カイラリティの SWCNT（＝特定の発光波長を示す SWCNT）を選択的かつ大量合成するための技術開発は発展途上にあるとともに，発光量子収率が低い（一般に 1 ％未満[2]）などの課題がある。

4.2　SWCNT の発光機能向上を実現する化学修飾によるカラーセンター形成

　SWCNT に対する化学修飾は，元来ほとんどの溶媒に難溶な SWCNT に溶解性を付与するための可溶化法やコンポジット材料開発のための表面改質法として広く研究が行われてきた[3]。一方で，化学修飾では分子が修飾された炭素の軌道混成は sp^2 から sp^3 へと変化するため，SWCNT を構成する sp^2 炭素ネットワーク中に sp^3 炭素欠陥が導入されることになる。よって，可溶化や表面改質のために比較的多量の化学修飾が行われる際には，SWCNT の発光機能自体が損なわれてしまう欠点があった。

　以上に対して，この化学修飾による欠陥導入をカラーセンター形成技術へと応用することで，SWCNT の近赤外発光機能を向上できることが近年わかってきた。カラーセンター（色中心）とは一般に無機結晶材料中に導入された格子欠陥を指し，欠陥導入が誘起する局所的な電子構造変化に伴い欠陥準位における新たな光学遷移が生じる（その遷移バンドギャップが可視光に対応する場合は結晶の着色として観測）。近年注目されているダイヤモンドの NV センターは，カラーセンターの代表例である。SWCNT の場合，化学修飾量をごく少量に制限した局所化学修飾（一般的な目安は SWCNT の長さ 10 nm 毎に 1 箇所程度の修飾密度）を行い，SWCNT の結

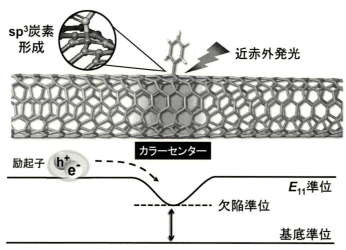

図3　lf-SWCNTにおけるsp³炭素欠陥ドープに基づく近赤外発光性カラーセンターの形成

晶性のsp²炭素ネットワーク構造中に少量のsp³炭素欠陥をドープすることでカラーセンターが形成された局所化学修飾（locally functionalized）SWCNT（lf-SWCNT）が得られる（図3）。lf-SWCNTのカラーセンターでは，SWCNTが元々有するE_{11}遷移よりも狭いバンドギャップを有する低エネルギーの欠陥準位が形成される結果，長波長の近赤外領域に新たな発光（多くは1000 nm以上）が出現する[4〜7]。さらに，SWCNTの低い量子収率の要因の一つとして，励起子がSWCNT中を拡散する過程でチューブ末端などの非発光性欠陥に衝突して失活することが挙げられるが，lf-SWCNTのカラーセンターでは，拡散する励起子をその低エネルギーの欠陥準位でトラップ（局在化）して，効率的に発光へと変換する機構が働く。そのため，発光量子収率を向上させることができる（既報の最大値18%[8]）。このように，lf-SWCNTではカラーセンター形成に基づいて近赤外発光の長波長化と高輝度化が同時達成できる。

4.3　lf-SWCNTのカラーセンターを合成するための局所化学修飾技術

lf-SWCNTのカラーセンター形成を行うための化学修飾には，アリールジアゾニウム塩を用いたアリール付加反応やオゾンなどを用いた酸化反応，還元的アルキル化によるアルキル鎖修飾反応，環化付加反応等が用いられる（図4）[5,9]。つまり，一般的な無機結晶材料のカラーセンター生成とは異なり，lf-SWCNTのカラーセンターは上述の有機化学的な化学反応をもとにSWCNTの後修飾という方法によって作り出せる特徴がある。特に，SWCNTは可溶化技術により孤立分散できることで，一般的な有機合成において分子を溶媒に溶解させて単分子状態にして反応を行うのと同様に，チューブ一本一本を一個の分子のように扱うことが可能となり，lf-SWCNTのカラーセンター合成に求められる化学修飾量（＝欠陥導入量）の制御や多様な修飾分子を用いた分子修飾が可能となる。よって，lf-SWCNTでは用いる修飾分子や化学反応を変えることでカラーセンターの構造を分子レベルで設計・改変することができるといった材料設

第 3 章 機能と応用

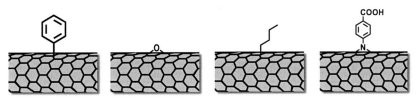

図 4 有機化学的な修飾法により合成される lf-SWCNT のカラーセンターの構造例

計の自由度と多様性が生み出される。lf-SWCNT 合成に使用される SWCNT には一般に，CoMoCAT 法と呼ばれる CVD 合成によって製造された (6, 5) カイラリティの SWCNT が高い純度で含まれる市販の試料が用いられることが多い。この背景から，以後の lf-SWCNT のカラーセンターの発光の議論では，主として (6, 5) SWCNT を用いて合成された lf-SWCNT の結果を記す。例えば，オゾンを用いた酸化反応により合成した lf-SWCNT では，もとの SWCNT の E_{11} 発光が 980 nm 付近に観測されるのに対して，エーテル構造形成に基づいて作り出されたカラーセンターからの発光は 1120 nm 付近に出現する（エポキシ構造の場合には 1250 nm 付近に出現）[10,11]。他にも，パラ位置換アリールジアゾニウム塩を用いたアリール基修飾により合成された lf-SWCNT では，カラーセンターからの発光が 1120 nm 付近に現れ，アリール基パラ位置換基のハメット置換基定数と相関して発光波長が 1110〜1148 nm の範囲で変化することが報告されている[12]。環化付加反応を lf-SWCNT 合成に用いた場合では，修飾位置において隣接する二つの炭素が架橋された構造のカラーセンターが形成される[9,13]。例えば，アジド化合物を光活性化することで生じさせたナイトレンやメチルマレイミド（加熱条件下）などをこの反応系に用いることができる。

4.4 lf-SWCNT カラーセンターの発光波長域の変調・拡張技術

lf-SWCNT 合成には先述の通り様々な化学反応を利用できるが，従来の研究ではいずれの lf-SWCNT の場合も観測されるカラーセンターからの発光の波長域は，ほぼ 1150 nm 付近の領域に限られていた[10,12,14]。この状況に対して，我々は修飾分子設計に基づくカラーセンターの発光波長域の変調や拡張に取り組んできた。例えば，分子構造内に二つの反応基をもつ二点修飾分子であるビスアリールジアゾニウム塩を開発し，lf-SWCNT 合成を行った（図 5）[15,16]。その結果，従来の一点修飾型のアリールジアゾニウム塩を用いた場合には観測されなかった 1250 nm 付近の長波長の領域にカラーセンター由来の発光を示す lf-SWCNT が得られることを見出した。この系は，二つのアリールジアゾニウム塩部位（＝反応部位）を連結しているメチレンリンカーの鎖長やアリール基上のリンカー連結位置を変えるといった修飾分子の形状が，発光波長を変化させる制御因子として利用できるユニークな特徴がある。この分子形状の変化は，二つのアリール基の修飾位置の違い，すなわち sp^3 炭素の相対配置の変化を導くものであり，密度汎関数強束縛（DFTB）法を用いた理論計算から，隣接する sp^3 炭素の相対配置の違いがカラーセンターの

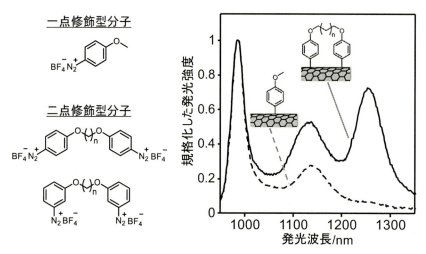

図5 一点および二点修飾型分子の構造例とそれらを用いて合成されたlf-SWCNTの発光スペクトル

バンドギャップを変化させる因子となることを支持する結果が得られた[15]。

　密度汎関数理論（DFT）および時間依存DFT法に基づく理論計算を基にした研究から，二点修飾分子に限らず，一点修飾型アリールジアゾニウム塩などを用いたlf-SWCNT合成の場合でも，隣接した二つのsp^{3}炭素の相対配置の違いがカラーセンターの発光波長域を大幅に変化させるファクターになることが示されている[17,18]。ここでの計算モデルをアリールジアゾニウム塩とSWCNTとの反応を例に説明する。アリールジアゾニウム塩から生じたアリールラジカルがSWCNTに付加してアリール基修飾に伴う一つ目のsp^{3}炭素が形成された後，ナノチューブ上に生じた活性種によって続く付加反応が生じ，結果として二つ目のsp^{3}炭素がアリール基修飾点近傍に生成するモデルとなっている。例えば，図6に示すように，アリール基修飾で生じた一つ目のsp^{3}炭素に対して，二つ目のsp^{3}炭素がOrthoL90と表記した位置に形成された場合には1150 nm付近の発光（E_{11}^*発光），OrthoL30と表記した位置に形成された場合には1200 nm以上の波長域の発光（E_{11}^{*-}発光）を示すカラーセンターが生じると提案された。従来lf-SWCNTのカラーセンターからの発光が，用いる反応の違いに関わらず1150 nm付近で観測されていた事実は，相対的にE_{11}^*発光を示すOrthoL90配置が形成されやすいsp^{3}炭素欠陥配置であることを示していると捉えることができる。

　以上の背景に対して，我々はlf-SWCNT合成に用いるアリールジアゾニウム塩のアリール基のオルト位に置換基導入を行うという比較的シンプルな分子構造設計がE_{11}^{*-}発光を示すカラーセンター形成に寄与する知見を得た[19]。その知見を基に，近年ではπ共役系のオルト置換基をもつアリールジアゾニウム塩（oAD）を用いることが，E_{11}^{*-}発光を示すカラーセンターが選択的に形成されたlf-SWCNTを合成するための方法論になることを明らかにしている[20,21]。図7(a)に，フェニルアセチレン基をパラ位，メタ位，オルト位に置換基としてそれぞれ導入したアリールジアゾニウム塩を用いて合成したlf-SWCNTの発光スペクトルを示す。アリール基上の置換

第 3 章　機能と応用

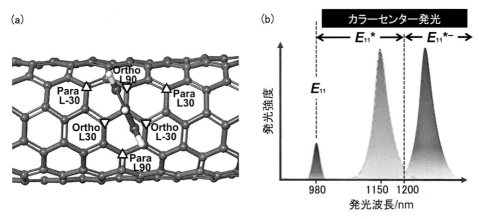

図 6　(a) 理論計算により提案された lf-SWCNT のカラーセンターにおける sp^3 炭素欠陥配置：アリール基修飾位置に対する二つ目の sp^3 炭素の位置を△又は▽で表記，(b) sp^3 炭素欠陥配置の違いに応じたカラーセンター発光波長域の変化：E_{11}^* 発光は OrthoL90，E_{11}^{*-} 発光は OrthoL30 配置に対応

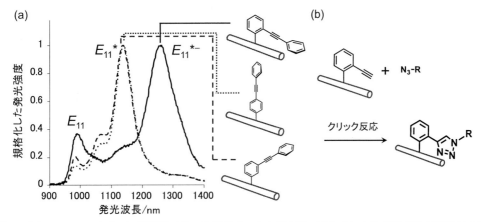

図 7　(a) フェニルアセチレン基置換アリールジアゾニウム塩を用いて合成した lf-SWCNT の発光スペクトル（パラ位：点線，メタ位：破線，オルト位：実線），(b) E_{11}^{*-} 発光を示す lf-SWCNT カラーセンターのクリックケミストリーを利用した後修飾機能化技術（R 部位には，様々な機能団を用いることが可能）

基がパラ位やメタ位に導入されている場合には，lf-SWCNT からの発光は E_{11}^* 発光と帰属される 1140 nm に観測された．この結果は，従来の lf-SWCNT と同様に E_{11}^* 発光を示す OrthoL90 の sp^3 炭素欠陥配置をもつカラーセンターが形成されたことを示している．一方，オルト位に置換基導入を行った設計の場合には，E_{11}^* 発光よりも 100 nm 以上長波長化した E_{11}^{*-} 発光に帰属される 1260 nm の発光が出現した．これは，カラーセンターで形成される sp^3 炭素欠陥配置を，OrthoL90 から E_{11}^{*-} 発光を示す OrthoL30 へと変換できたことを示している．oAD の π 共役系置換基としては，フェニル基やアセチレン基などの SWCNT 壁面と平行に配置でき π–π 相互作用が優位に働く分子構造であれば，E_{11}^{*-} 発光を示すカラーセンターをもった lf-SWCNT を合成

できる一般性が確認された。この点に関して，理論計算では二つ目の sp³ 炭素を形成する要因となる SWCNT 上に生成した活性種（カチオンやラジカル）の分布（存在領域）が，アリール基へのオルト π 共役系置換基の導入よって変化することを支持する結果が得られた。

今回開発した lf-SWCNT は，SWCNT と比較して発光量子収率が 4 倍程度向上し，発光寿命測定などから E_{11} 発光と E_{11}^{*-} 発光の波長差（＝ E_{11} 準位と E_{11}^{*-} 準位のエネルギー差）が大きくなることで，カラーセンターにトラップされた励起子が脱出しにくくなり（＝トラップ作用の増大），励起子を発光へと変換する効率の向上につながることがわかった。

π 共役系置換基を利用できる利点を活用することで，lf-SWCNT カラーセンターのさらなる機能化も行える。例えば，アセチレン基を置換基として用いた場合には，2022 年のノーベル化学賞の受賞研究としても注目されているクリック反応の一種であるヒュスゲン環化付加反応を利用して，E_{11}^{*-} 発光を示す lf-SWCNT のカラーセンターへの後修飾ができることも確かめられた（図 7(b)）。この手法を利用することで，lf-SWCNT カラーセンターへの様々な機能団導入を基にしたセンサ開発などの応用開拓が進むものと期待される。

他にも，炭素以外のヘテロ原子（窒素や硫黄，酸素など）を含むヘテロ環（ピリジンやチオフェン，フラン）が，E_{11}^{*-} 発光を示すカラーセンターを有する lf-SWCNT を合成するためのオルト置換基構造として用いることができる[21)]。この場合，ヘテロ環内におけるヘテロ原子の種類や位置の違いによって置換基の電子的性質が変化することを利用して，E_{11}^{*-} 発光の発光波長変調（今回用いた置換基構造では，1260～1274 nm の波長変化）ができることがわかった（図 8(a)）。さらに，ピリジル基を用いた場合には，pH 変化に応じたプロトン化と脱プロトン化の電子的性質の異なる二状態がとれることを利用して，近赤外 pH センサを作り出すことが出来る。ここでは，酸性条件で形成されるピリジニウム構造が電子求引性となることで，E_{11}^{*-} 発光の長波長化

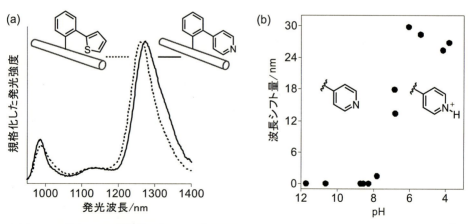

図 8 (a) ヘテロ環をオルト置換基に用いた場合に観測される lf-SWCNT カラーセンターからの E_{11}^{*-} 発光と環構造の違いに基づく波長変化（4-ピリジル基：実線，2-チエニル基：点線），(b) 4-ピリジル基を用いた場合に pH 変化に応じて誘起される E_{11}^{*-} 発光の波長シフトに基づくカラーセンターの pH センシング

第3章　機能と応用

が生じる（図8(b)）。興味深いことに，今回のアリール基のオルト位にピリジル基を導入した設計の場合には，SWCNTの壁面のごく近傍で電荷が生じることで導かれる誘電的な環境変化も発光波長変化に対して協同的に作用することで，$E_{11}{}^{*-}$発光波長の変化量（29.8 nm）が従来型のパラ位にピリジル基を導入したlf-SWCNTが示す$E_{11}{}^*$発光で生じる波長変化（4.5 nm）よりも著しく大きくなった。このように，修飾分子の設計を巧みに利用することでより明瞭に検出シグナルを読み出せる近赤外光センサが開発できることがわかった。

4.5　lf-SWCNTカラーセンターの先端光技術への応用

　lf-SWCNTのカラーセンターが示す発光は，近赤外光領域の中でも1000 nmを超える波長域に出現する。よって，その発光は光通信帯域（主に1260〜1675 nm）や高い生体透過性と生体組織の自家蛍光を抑制できる生体第二窓（およそ1000〜1700 nm）に対応可能となる。そのため，lf-SWCNTは光通信技術やバイオセンサ開発などの先端光分野への応用が期待されるナノ素材と位置づけられる。

　光通信分野においては，lf-SWCNTのカラーセンターは量子通信技術などに必要とされる室温駆動の単一光子源としての応用が挙げられる。例えば，lf-SWCNTのカラーセンターにトラップされた励起子を単一光子の発生源として利用するアプローチによって，従来の量子ドットなどで必須であった極低温冷却を必要とせず，室温での高純度（99%）の単一光子生成や直径の太い(10, 3)カイラリティのlf-SWCNTを用いて通信帯域Cバンド（1.55 μm）への対応が行えることが報告されている[22]。他にも，シリコン微小共振器を利用した高純度かつ高輝度（約50倍の増強）の室温単一光子源開発[23]や77 Kの極低温条件ではあるがlf-SWCNTからの電気的な単一光子発生を観測した例も報告されている[24]。光通信以外にも，低エネルギーの光から高エネルギーの光を生み出すアップコンバージョンという現象において，lf-SWCNTのカラーセンターにトラップされた励起子がフォノン（≈ 熱）のエネルギーを受け取るプロセスを基に高効率なアップコンバージョンが起こせることも報告されており[25]，本材料の光エネルギー変換技術への応用なども期待される。

　バイオセンサの分野でも，lf-SWCNTを用いた研究開発が近年活発に行われている。SWCNTは光照射下でも高い安定性を示し，毒性のある重金属を含まず，DNAなどの表面被覆により生体適合性を付与できる特徴があるが，lf-SWCNTではさらに，化学修飾でsp^3炭素欠陥導入を行うプロセスを利用して，修飾分子の構造設計を基にカラーセンター上に分子認識部位などのセンサ機能を発現させるための機能団が導入できる。例えば，フェニルボロン酸をlf-SWCNTのカラーセンター上に導入した場合には，糖認識に基づく発光波長シフトの応答性を利用して，糖センサを作り出すことができる[26]（このlf-SWCNTフェニルボロン酸修飾カラーセンターをドーパミン検出に応用した例も報告されている[27]）。また，アザクラウンエーテルを導入した場合には金属イオンセンサ開発ができるなど[28]，修飾分子の置換基構造を変えるだけという簡便なアプローチから様々な近赤外光センサを生み出すことができる。他にも，lf-SWCNTのカラーセン

ターは敏感な誘電環境応答性を示すことから[29,30]，この特性をセンシングの駆動原理に利用したタンパク質センサを開発できる[31,32]。例えば，体液中での血清アルブミン検出[32]や超荷電抗体フラグメントのフォールディングに基づくインターロイキン 6 の検出[33]などが報告されている。上記の取組み以外にも，異なる置換基を持ったアリール基を修飾して合成したカラーセンターを有する種々の lf-SWCNT を塩基配列の異なる DNA でラッピングしたものを用いて作製したナノセンサアレイと機械学習を利用したフィンガープリント検出技術を基にしたバイオセンサも開発されている[34]。

4.6 おわりに

SWCNT に有機化学的な修飾を行う手法により形成できる lf-SWCNT のカラーセンターは，修飾分子の構造設計をもとにした分子レベルでの高い構造デザイン性を有し，それに基づく発光機能の多様な拡張が可能である。特に，発光波長の変調や高輝度化などのように，これまでに用いられてきた SWCNT の機能面や実用面での課題を解決するとともに，近赤外光を利用した量子通信技術やバイオセンサ開発など独自の特性をもとに先端光技術分野の応用開拓が可能になっている。よって今後の lf-SWCNT カラーセンター研究のさらなる進展により，光分野における革新的なナノ素材開発や産業創出が実現されるものと期待される。

文　　献

1) M. J. O'Connell *et al.*, *Science*, **297**, 593 (2002)
2) T. Hertel *et al.*, *ACS Nano*, **4**, 7161 (2010)
3) D. Tasis *et al.*, *Chem. Eur. J.*, **9**, 4000 (2003)
4) A. H. Brozena *et al.*, *Nat. Rev. Chem.*, **3**, 375 (2019)
5) T. Shiraki *et al.*, *Acc. Chem. Res.*, **53**, 1846 (2020)
6) T. Shiraki, *Chem. Lett.*, **50**, 397 (2021)
7) Y. Maeda *et al.*, *Chem. Commun.*, **59**, 14497 (2023)
8) Y. Miyauchi *et al.*, *Nat. Photon.*, **7**, 715 (2013)
9) K. Hayashi *et al.*, *Chem. Commun.*, **58**, 11422 (2022)
10) S. Ghosh *et al.*, *Science*, **330**, 1656 (2010)
11) X. Ma *et al.*, *ACS Nano*, **8**, 10782 (2014)
12) Y. Piao *et al.*, *Nat. Chem.*, **5**, 840 (2013)
13) H. Qu *et al.*, *J. Am. Chem. Soc.*, **146**, 23582 (2024)
14) H. Kwon *et al.*, *J. Am. Chem. Soc.*, **138**, 6878 (2016)
15) T. Shiraki *et al.*, *Sci. Rep.*, **6**, 28393 (2016)
16) T. Shiraki *et al.*, *Chem. Lett.*, **48**, 791 (2019)

第 3 章　機能と応用

17)　X. He *et al., ACS Nano*, **11**, 10785（2017）

18)　B. J. Gifford *et al., Acc. Chem. Res.*, **53**, 1791（2020）

19)　T. Shiraki *et al., Chem. Commun.*, **53**, 12544（2017）

20)　B. Yu *et al., ACS Nano*, **16**, 21452（2022）

21)　B. Yu *et al., Bull. Chem. Soc. Jpn.*, **96**, 127（2023）

22)　X. He *et al., Nat. Photon.*, **11**, 577（2017）

23)　A. Ishii *et al., Nano Lett.*, **18**, 3873（2018）

24)　M.-K. Li *et al., ACS Nano*, **18**, 9525（2024）

25)　N. Akizuki *et al., Nat. Commun.*, **6**, 8920（2015）

26)　T. Shiraki *et al., Chem. Commun.*, **52**, 12972（2016）

27)　C. Ma *et al., Nano Lett.*, **24**, 2400（2024）

28)　H. Onitsuka *et al., Chem. Eur. J.*, **24**, 9393（2018）

29)　T. Shiraki *et al., Chem. Commun.*, **55**, 3662（2019）

30)　Y. Niidome *et al., J. Phys. Chem. C*, **125**, 12758（2021）

31)　Y. Niidome *et al., Nanoscale*, **14**, 13090（2022）

32)　Y. Niidome *et al., Carbon*, **216**, 118533（2024）

33)　M. Kim *et al., J. Am. Chem. Soc.*, **146**, 12454（2024）

34)　M. Kim *et al., Nat. Biomed. Eng.*, **6**, 267（2022）

5 カーボンナノチューブ（CNT）の分散技術開発とフレキシブル電極への応用

松田貴文[*]

5.1 はじめに

カーボンナノチューブ (CNT)[1] は 1991 年に発見された，直径がナノメートルの一次元物質で，ダイヤモンド，グラファイト，フラーレンといった炭素材料の同素体の一つである。構成するグラフェンシートの層数によって単層と多層 CNT に分類される。さらに，単層 CNT はグラフェンシートの巻く方向（カイラリティ）によって金属または半導体の性質を示すことが知られている。CNT の特性としては，優れた電気導電性，熱伝導性，機械的強度，化学的安定性を示すことから，電極材料，放熱シート，複合樹脂など様々な用途への応用が期待されている。実際に CNT をこれらの用途で使用するためには，CNT を液中に分散させる必要がある。しかしながら，CNT 表面は疎水性を示すため液中で容易に凝集してしまう性質がある。そのような状態では CNT 本来の性能を十分に発揮できないため，CNT の安定分散技術が重要な技術となっている。これまでに，有機溶剤[2,3]，酸処理[4,5]やプラズマ照射[6,7]による CNT 表面の親水化処理，界面活性剤[8,9]などの様々な分散手法が開発されてきている。このうち，ドデシル硫酸ナトリウム，コール酸ナトリウムなど数多くの界面活性剤が分散剤として機能することが知られており，一般的な方法となっている。この他にも，緑茶の成分のカテキンが分散剤として機能するといった報告もある[10]。このように様々な材料が CNT の分散剤として機能することが報告されているが，ほとんどは有機系の物質となっている。一方で，界面活性剤と CNT の間の相互作用が非常に強いことから，塗膜後に分散剤を除去することが困難で，CNT の本来の特性を阻害してしまうことが懸念される。このような背景から，当社はけい酸ソーダの製造販売しているメーカーで，無機材料に関する知見を活かし，新規機能付与を目的として無機材料による CNT 分散技術の開発に取り組んできた。

本稿では，無機材料による CNT 分散液，これを用いて作製した CNT 膜の電気・機械特性，およびフレキシブルデバイスへの電極への応用について紹介する。

5.2 CNT 分散技術の開発

CNT 分散液は，CNT，分散剤，溶媒とその他添加剤で構成される。CNT は単層から多層まで様々種類が存在しており，使用目的に応じて選定することがポイントとなる。分散剤についても同様で，適切に選定することが重要となる。

現在，当社では CNT 分散液を FUJICASOL® として展開している。FUJICASOL® は，無機ナ

---

* Takafumi MATSUDA 富士化学㈱ 営業開発部 技術グループ

第3章　機能と応用

ノ粒子が分散剤として機能している水系のCNT分散液である（図1参照）。この分散剤を用いると，単層から多層CNTまで様々なCNTを分散させることが可能である。図2にFUJICASOL®分散イメージを示す。分散前は図2(a)に示すようにCNT同士が分子間力によってバンドルを形成している。そこに分散剤を添加し超音波などでエネルギーを与えることでCNTバンドルが解砕され，無機ナノ粒子がCNT表面に吸着した状態になり，その無機ナノ粒子の持つ表面電荷の電気的斥力により分散を維持している。

　FUJICASOL®の特徴は，泡立ちが少なく取り扱いやすく，また，低粘度（代表値：30 mPa・s）で濡れ性が良いため，バーコートやスプレーコートなどの様々な塗布方法に適用可能である。さらに，塗布後に膜中から容易に分散剤を除去することが可能であるといった点を挙げられる。FUJICASOL®を用いて作製した塗布膜を，洗浄液に浸漬することによって分散剤を分解し，除去することが可能となる。図3に分散剤除去処理前後のCNT膜の表面状態の走査型電子顕微鏡（FE-SEM）写真を示す。塗布後のCNT膜では分散剤が表面を全体的に覆っていることが確認

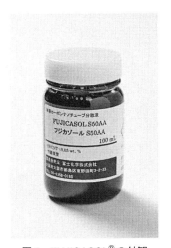

図1　FUJICASOL®の外観

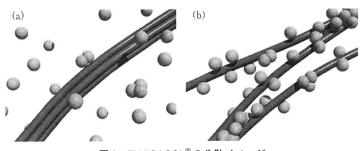

図2　FUJICASOL®の分散イメージ
(a)分散前，(b)分散時

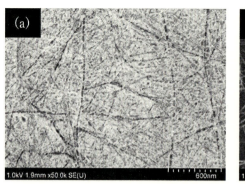 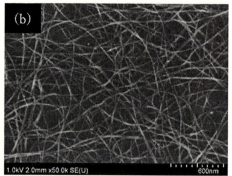

図3 CNT膜のFE-SEM写真
(a)分散剤除去前，(b)分散剤除去後

できる。一方，分散剤を除去した後には，CNTのネットワークが露出していることが分かる。このように，CNT同士の接点間に分散剤が存在することで導電性を阻害しているが，分散剤を除去することでCNT同士の接点が形成され，CNT膜としての導電性が改善している。以上のように，FUJICASOL®はコーティング剤として有用な材料であると考えている。

5.3 CNT導電膜の特性

FUJICASOL®を塗布して作製したCNT導電膜の特性を紹介する。以下の結果では導電性の高い単層CNTを用いた例を示す。単層CNT導電膜はFUJICASOL®を塗工・乾燥させた後，洗浄液に浸漬し，純水でリンスして乾燥して作製した。図4に単層CNT透明導電膜のシート抵抗値と光透過率の関係を示す。ここで，横軸の光透過率は波長550 nmの値としている。透過率が高いほど，シート抵抗値が低いほど性能はよくなるが，両者はトレードオフの関係にあり，膜

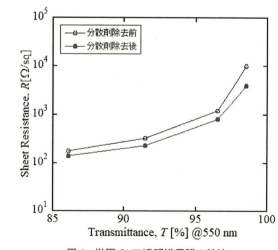

図4 単層CNT透明導電膜の特性

第3章　機能と応用

厚が薄くなると透過率は高くなり，導電性は低くなる傾向が確認できる。また，分散剤の除去前後の性能を比較すると，分散剤を除去することによってシート抵抗値が低下していることが分かる。これは図3に示したように，CNT同士の接点間に存在する分散剤が除去され，接点が形成されたためにシート抵抗値が減少したものと考えられる。例えば，透過率90%においてシート抵抗値300 Ω/sqの透明導電膜を作製することが可能で，塗布条件を変えることによりシート抵抗値をコントロールすることが可能である。すなわち，透明電極から帯電防止膜といった用途に適した単層CNT膜を作製することができる。

次に，幅400 mmのPETを使用したロールコーター実機によるスケールアップ試験を行った。図5に試作した単層CNT透明導電膜フィルムの写真を示す。実機においても均一な膜を作製可能で，テーブルテストと同等の膜性能を得ることができた。この結果から，塗工液を変更するのみで既存の塗工機を利用することが可能であり，大規模な設備投資なしでの導入が期待できる。

次に，単層CNT導電膜の機械的特性を評価した結果を示す。異なる曲率Rの円筒ロッドを介して単層CNT導電膜を曲げ角度が0°から180°になるように曲げる負荷を最大10000回繰り返

図5　単層CNT透明導電膜フィルムの外観

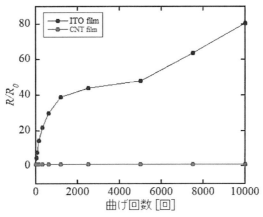

図6　単層CNT導電膜の曲げに対する抵抗値変化

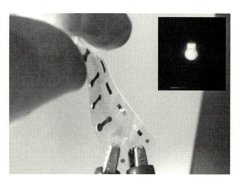

図7 有機EL素子の発光の様子

し，その際の単層CNT導電膜のシート抵抗値を測定した。図6に曲率R＝3mmの時のシート抵抗値の変化を示す。単層CNT導電膜の場合，10000回の繰り返し曲げの変化に対してほとんどシート抵抗値の変化は見られず，安定であることが分かる。また，比較のため，一般的に透明電極として使用されている，ITO（Indium Tin Oxide）膜を用いて同様の試験を実施した。この場合には，繰り返し曲げの回数が増えるにつれてシート抵抗値は増加する傾向にあって，10000回後には，初期値の約80倍まで上昇した。曲げ試験後にFE-SEMで表面状態を確認したところ，ITO膜ではクラックが生じていたが，単層CNT膜では変化は見られなかった。この結果から，単層CNT導電膜はそのしなやかさのために曲げ変化に対して強く，フレキシブルデバイスなどの電極として利用できる可能性を示唆している。

5.4 CNT電極のフレキシブルデバイスへの応用

ここでは単層CNT導電膜を電極として利用した有機EL素子の試作例を紹介する。単層CNT導電膜上に，正孔輸送層としてα-NPD（N,N-ジ-1-ナフチル-N,N'-ジフェニルベンジジン），発光層としてAlq3（トリス（8-キノリノラト）アルミニウム），電子注入層にCs，対向電極にAlを順に製膜した有機EL素子を作製した。この素子に電圧を印加すると，緑色の発光を確認することができた。さらに，有機EL素子を曲げた状態にした場合にも同様に発光することを確認できた（図7参照）。また，ここでは詳細は割愛するが，有機ELと同様に有機薄膜太陽電池を試作したところ，太陽電池として動作することを確認している。これらの結果から，単層CNT導電膜は機械的曲げに対して電気伝導性を維持することができ，電極として機能することが実証された。今後のフレキシブルデバイスへの応用が期待できる。

5.5 おわりに

本稿では，無機材料によるCNT分散技術とこれを利用した単層CNT導電膜の特性を紹介した。塗布後に容易に分散剤を除去することで，CNT導電膜のシート抵抗値が改善することを示した。透明導電膜として，シート抵抗値300Ω/sq，光透過率（@550 nm）90％の単層CNT導

第3章　機能と応用

電膜を作製できた。また，単層 CNT 導電膜は曲げ変化に対して安定であり，有機 EL 発光素子の試作試験では，緑色発光を確認でき，フレキシブルデバイス用の電極としての利用の可能性を示した。今後は，CNT のしなやかさと高い導電性といった特徴を活かした用途展開されることを期待している。

文　　　献

1)　S. Iijima, *Nature*, **354**, 56 (1991)
2)　P. J. Poul *et al.*, *Chem. Phys. Lett.*, **310**, 367 (1999)
3)　K. D. Ausman *et al.*, *J. Phys. Chem. B*, **104** (38), 8911 (2000)
4)　C. Niu *et al.*, *Appl. Phys. Lett.*, **70**, 1480 (1997)
5)　M. S. P. Shaffer *et al.*, *Carbon*, **36** (11), 1603 (1998)
6)　A. Felten *et al.*, *J. Appl. Phys.*, **98**, 074308 (2005)
7)　H. Bubert *et al.*, *Diam. Relat. Mater*, **12**, 811 (2003)
8)　M. J. O' Connell *et al.*, *Science*, **297**, 593 (2002)
9)　M. F. Islam *et al.*, *Nano Lett.*, **3** (2), 269 (2003)
10)　G. Nakamura *et al.*, *Chem. Lett.*, **36**, 1140 (2007)

6 プルシアンブルー類似体ナノ粒子と単層カーボンナノチューブを用いた新しい正極構造の構築

石﨑　学[*1]，栗原正人[*2]

6.1　はじめに

　世界的にエネルギー消費量が増加する一方で，脱化石エネルギーが求められている。1993年の京都議定書や2015年のパリ協定では，温室効果ガス削減に向けた取り決めが合意され，先進国のみならず国際的な政策・対策が求められている。環境負荷の大きな化石燃料から，太陽光や風力などの自然エネルギーを用いた持続可能な発電方法へのシフトが強く求められる一方で，現在の政策だけでは2050年のカーボンニュートラルを達成できない[1〜4]。この達成には，自然エネルギーを用いた発電・供給だけでなく，需要側と相互に監視・制御し最適化する電力網（スマートグリッド）の構築が求められる。カーボンニュートラルに向けた莫大なスマートグリッドの構築には，自然エネルギーにより瞬間的に生み出された膨大な電力を瞬時に貯め（蓄電し），必要な時に瞬時に放出する（放電する）高性能蓄電デバイスが不可欠である。つまり，大きな蓄電容量（高エネルギー密度）と，高速充放電可能な（高出力密度）蓄電デバイスの構築がカーボンニュートラルに向けて重要となる。蓄電デバイスのエネルギー密度と出力密度の相関を示すRagoneプロットを図1に示す[5〜7]。

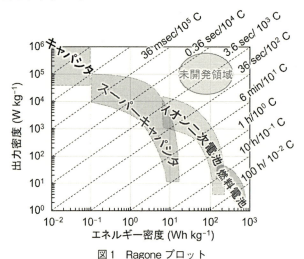

図1　Ragone プロット
高エネルギー密度，高出力密度の電池は未開発領域であり，その開発が持続可能なエネルギー社会の構築に重要である。
（文献8, 9の図を一部改変）

＊1　Manabu ISHIZAKI　山形大学　学術研究院（理学部主担当）　化学分野　准教授
＊2　Masato KURIHARA　山形大学　学術研究院（理学部主担当）　化学分野　教授

第3章　機能と応用

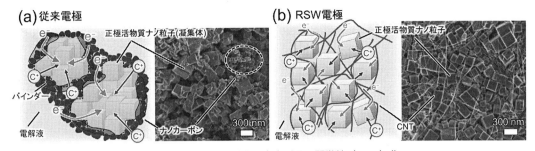

図2　正極のモデル構造と走査型電子顕微鏡（SEM）像
(a)バインダーおよびナノカーボンを含む従来電極，(b)本研究で用いたRSW電極。
（文献8, 9の図を利用）

　エネルギー密度と出力密度は蓄電方式に大きく依存し，高エネルギー・高出力密度を示す蓄電デバイスは未開発領域となっている。ガソリン等の内燃機関のエネルギー密度・出力密度は非常に大きく，それぞれ$>10^7$ Wh kg^{-1}，$>10^5$ W kg^{-1} [10]を示す。現在，高エネルギー密度・高出力密度を示す非化石燃料由来の液体燃料・ガス燃料の利用も盛んに研究されている[11]が，本稿ではイオン二次電池の高出力密度化について言及する。

　イオン二次電池の高出力密度化に向けて，様々な研究開発が進んでいる。しかし，劇的に性能向上させるブレークスルーは見いだせていない。著者らは，一般的に広く利用されているバインダーと導電助剤（炭素材料），活物質を混錬した電極構造が，性能低下の原因ではないかと考えた。バインダーによる活物質表面の汚染，不均一な導電助剤と活物質の混合（図2a）は，最適な電子・イオン移動経路を阻害する原因となる。これを解決するため，溶媒に独立分散した活物質ナノ粒子と分散した単層カーボンナノチューブ（CNT）を用いて，これらを均一の混合することで，適度な細孔を有する活物質－CNT複合体電極を作製した（図2b）。本構造は，CNT・活物質・電解液の関係が，植物の根（Root）－砂（Sand）－水（Water）に類似していることからRSW電極と命名した。RSW電極ではナノ粒子が独立して存在しており，その短いイオン拡散長及び電子移動距離，適度な細孔によるスムーズなイオン脱挿入によって2桁以上の高出力密度化（高速充放電化）を達成した[12]。以降，二次電池開発の課題，材料選択に触れた後に，著者らが作製した新たな電極構造と，それを用いた電池特性について説明する。

6.2　イオン二次電池開発の課題

　イオン二次電池の高速充放電化だけでなく，元素戦略としての課題について言及する。現在，開発の中心は軽量・高容量のリチウムイオン二次電池（LIB）である。LIBの課題として，リチウムの(1)地政学的資源リスク，(2)価格，(3)安全性が挙げられる。リチウムの埋蔵量は，主要4か国（チリ，豪州，アルゼンチン，中国）で世界の75％以上であり，サプライチェーンは中国依存が顕著である[13]。国外からの輸入に頼っている日本は，そのような地政学的資源リスクを回避しなければならない。また，電池開発において重要視されるのが安全性である。LIBの充電過

程で，負極の黒鉛へのLi$^+$の取り込みが起こる。この過程でLi金属の析出・デンドライト形成・短絡・発火の危険が生じる[14]。また，Li金属の高い反応性は，LIB破壊時に水の接触による発火の原因も危惧される。他の部材に注目すると，活物質として広く利用されるコバルトやニッケルの価格高騰や地政学的資源リスクから[1]，主に安定供給可能な元素である鉄やマンガンなどからなる正極材への転換も進められている。

これら背景より，著者らは負極に危険性の高い金属の析出が起こらない亜鉛イオン二次電池（ZIB）を用いて，その超高速充放電の電極設計指針を得ることを目指してきた。

6.3 プルシアンブルーおよびその類似体について

本研究では，プルシアンブルー類似体ナノ粒子を正極活物質として用いた二次電池開発を進めた。プルシアンブルー（PB）はFeとFeがシアニド配位子で架橋したレドックス活性な多孔性配位高分子であり，そのジャングルジム状の3D構造内でアルカリ金属イオンを脱挿入させることができる（図3a）[12,15]。また，Feを他金属に置換した類似体（PBA）も同様の機能を有する。イオン脱挿入によって構造歪を示すPB/PBAが多い中，Zn系PBA（ZnPBA）やNi系PBA（NiPBA）は，構造歪が殆ど生じない（zero-strain）材料として報告されている。一方で，構造歪は，3D骨格を構成する遷移金属イオンの価数変化による構造変化だけでなく，内部欠陥や粒子サイズによって大きく影響するため，総合的に理解・制御することが重要である。構造歪は，活物質へのスムーズなイオン脱挿入を阻害し，高速充放電時の容量低下を引き起こす。

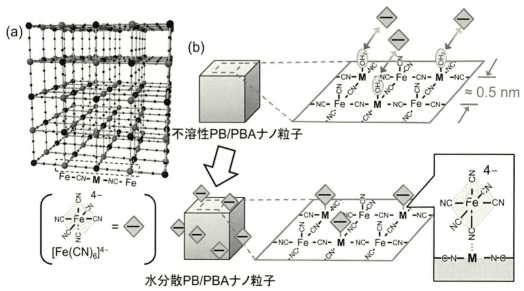

図3　PB/PBAナノ粒子の(a)内部構造および(b)表面構造と表面改質による分散化スキーム
MはFeやZn, Ni, Cuなどの遷移金属を示す。
（文献9の図を一部改変）

第3章　機能と応用

　ナノ粒子が電池開発において広く利用されていない理由の一つとして，その高い表面エネルギーによる凝集が挙げられる。凝集状態では個々のナノ粒子の利点である短いイオン拡散長を生かすことができず，また，凝集粒子が大きくなればなるほど，ナノ粒子同士が複雑に接合した粒子界面の乱れによりイオンや電子伝導阻害が顕著になる。当研究室では，PB および PBA ナノ粒子表面の配位不飽和サイトを用いた改質により，その溶媒への安定分散液の調製に成功している[16]（図3）。溶媒中に独立分散した PBA ナノ粒子を，その分散状態を維持したまま電極作製することが，高速充放電化に重要である。ここでは，ZnPBA を用いたイオン二次電池作製を進めた。

6.4　革新的ナノ均一構造電極による亜鉛イオン二次電池設計指針

　イオン二次電池の高性能化のために，電極の導電性向上が検討されている。一般的な導電助剤として，フレーク状またはナノ粒子状の炭素材料が広く利用されている。CNT は機械特性・電気特性等で優れた性能を示し，電池開発においても電極への導電性向上のための導電助剤としての利用が検討されている[17]。しかし，CNT 添加による性能向上はわずかであり，図1に示す未開発領域の達成はできない。

　Ragone プロットで，イオン二次電池の高出力化ともにエネルギー密度が低下する理由を考察する。CNT の添加によって大幅な性能向上が起こらないのであれば，電子伝導だけでなく，他の要因が考えられる。要因の一つとして，活物質内の電子及びイオン拡散律速が考えられる。LIB の正極活物質に用いられる金属酸化物は，導電率が $10^{-1}\,\mathrm{S\,cm^{-1}}$ 以下の半導体であることが記されている[18]。一方で，電極上に直接，種々の金属酸化物を固定した電極では高速で酸化還元反応が起こり，これは 360 C に相当する応答速度となる。つまり，活物質そのものは高速充放電可能であることを意味する。これらのことより，高速充放電化を阻害する要因は他にあると考えられ，著者らは電極構造に注目した。一般的な電極は導電助剤やバインダーを添加しており，活物質の汚染を引き起こし，また適切なイオン/電子伝導経路が電極内に構築できていない可能性がある。

　図2aは，申請者らが作製したバインダーを含む従来電極の走査型電子顕微鏡像（SEM）である。活物質である ZnPBA ナノ粒子と炭素粒子がそれぞれ凝集し，均一には混合していない。活物質の凝集によって個々のナノ粒子は，独立した電子/イオン伝導経路を有していない。本電極を用いた場合，充放電速度の上昇とともに電池容量が低下する（後述）。

　これらの背景より，活物質ナノ粒子の凝集を緩和し（分散状態を維持したまま），電解液との接触面積を減らすことなく，個々の粒子に電子伝導を付与できる構造が高速充放電化のキーテクノロジーになると考えた。そこで，当研究室の持つナノ粒子・ナノ材料の分散技術を用いて，その分散液の混合状態を維持したまま電極構造を作製する新たな手法に挑戦した。

図4 ZnPBAナノ粒子分散液の写真とZnPBAナノ粒子のSEM像
(文献8, 9の図を利用)

6.5 亜鉛プルシアンブルー(ZnPBA)ナノ粒子を用いた電極作製法について[12]

ZnPBAは,既報論文の合成手法を参考にバッチ法により合成した。硝酸亜鉛・六水和物(1.21 g, 4.07 mmol)およびヘキサシアニド鉄(II)カリウム三水和物(0.861 g, 2.04 mmol)をそれぞれ10 mLの蒸留水に溶解させた。硝酸亜鉛水溶液をヘキサシアニド鉄(II)カリウム水溶液に加え,1時間激しく撹拌した。この時,溶液の混合と同時に水溶液は白濁し,ZnPBAが生成した。遠心分離,水での洗浄後,乾燥することでZnPBAナノ粒子の凝集粉を収率96%で得た。蛍光X線分析・熱重量分析より,合成したZnPBAの組成を$K_{0.88}Zn_{1.58}[Fe(CN)_6]\cdot 3.42 H_2O$と決定した。合成したZnPBAナノ粒子凝集粉(0.3 g)にヘキサシアニド鉄(II)ナトリウム・10水和物水溶液(0.02 M, 5 mL)を加え,2週間撹拌した。ZnPBAナノ粒子表面の配位不飽和サイトに結合する水分子とヘキサシアニド鉄(II)イオンが配位子置換することで,粒子表面が負電荷を帯び,静電反発による凝集の抑制と水和による水に分散した(図3)。動的光散乱(DLS)測定による分散液中の粒子サイズは,SEM像から求めた粒子サイズ(170 nm)とほぼ一致した(図4)。

独立分散ZnPBAナノ粒子分散液とCNT分散液を任意の量で混合,希釈した後に,ポリテトラフルオロエチレン(PTFE)製のメンブランフィルター(細孔径=100 nm)上で減圧濾過した。ZnPBAナノ粒子とCNTは重量比で98.5:1.5(wt/wt)とした。また,ZnPBA担持量は0.25~1.0 mg cm^{-2}と変化させた。作製したZnPBA-CNT電極のSEM像を図2bに示す。個々のZnPBAナノ粒子が独立して積層され,そこにCNTが均一に接触していた。また,ナノ粒子間に適度な空間を有し,電解液が容易に入り込む(RSW)構造をとっていた。

6.6 RSW電極(ZnPBA-CNT)を用いた充放電特性について

作製したRSW電極を正極として,負極に市販の亜鉛箔,電解液に$Zn(CF_3SO_3)_2$とNa(CF_3SO_3)を含む炭酸プロピレン(PC)と水の混合電解液(PC:水=7:3(vol/vol))を用いた。Zn^{2+}及びNa^+の濃度は質量モル濃度でそれぞれ0.87 m及び3.5 mとした。ZnPBAの理論容量

第3章　機能と応用

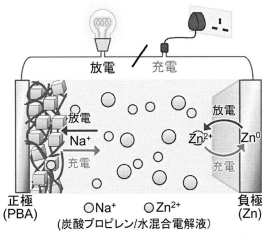

図5　本亜鉛イオン二次電池の駆動モデル
（文献8, 9を一部改変）

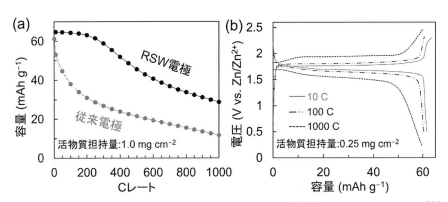

図6　(a)従来電極とRSW電極を用いたZnPBAナノ粒子を活物質とするZIBのCレート特性，
(b)RSW電極を用いたZIBの充放電曲線
（文献8, 9の図を一部改変）

は，66 mAh g^{-1}として充放電測定の電流設定を行った。図5に本電池の駆動原理を示す。充電/放電によって，正極活物質のZnPBAナノ粒子にはナトリウムイオンが挿入/脱離し，負極の亜鉛箔は亜鉛の析出/溶出が起こる。

図6にZnPBA担持量1.0 mg cm^{-2}の定電流動作（CC）測定での充放電特性を示す。1Cは1時間に1回の充電または放電が可能な条件である。100Cは1時間に100回，つまり一回の放電及び充電時間は36秒となる。従来電極では，Cレートの増加とともに大きな容量低下を示した。これは，図2aに示すように活物質および導電助剤の凝集による影響が大きいと考えられる。凝集を緩和するために長時間混錬したペーストを用いて作製した電極では，凝集は緩和したにも関わらずさらに性能低下した。これはZnPBAナノ粒子と均一混合することで炭素粒子が連続して

繋がった適切な電子経路が形成できなかったためと考えられる。一方で，RSW 電極では，300 C まで理論容量の 90％を保持し，その後，緩やかに容量が減少した。電極構造制御が高速充放電化のブレークスルーになることを示すことができた。

　RSW 電極の 300 C 以降の不自然な容量低下の原因を種々の測定より考察したところ，桁違いに電流密度が増加したことにより負極である亜鉛箔の析出速度制限が起こることが分かった。そのため，活物質の本来の機能評価のために，担持量を減らし，負極にかかる電流密度を減少させた。活物質担持量 0.25 mg cm^{-2} 時の充放電曲線を図 6 b に示す。1000 C（3.6 秒）での充放電でも，明瞭なプラトー領域（容量変化に対して電圧が一定の領域）が確認され，イオン二次電池として高速で駆動していた。400 C（9 秒）で充放電測定を行ったところ，15 万回駆動後でも初期容量の 90％以上を保持し，高耐久性のイオン二次電池であった。これは，スムーズに電子とイオンが活物質に入ることから，電極全体として構造にストレスがないこと，また，酸化還元時の ZnPBA の構造変化が小さい（ストレスが少ない）ことが起因していると考えられる。耐久性試験後の電極の SEM 像は測定前の構造と同じであり，充放電反応が電極及び活物質にストレスを与えていないことを示唆する。驚いたことに，15 万回駆動後も亜鉛負極に顕著なデンドライトの発生は見られない。これは，RSW 正極が負極に均一な電場を及ぼしていることに起因している。ZnPBA を用いた RSW 電極のエネルギー密度及び出力密度は，1000 C 駆動時にそれぞれ 91 Wh kg^{-1} 及び $>10^5$ W kg^{-1} を示し，図 1 の未開発領域の性能を示す二次電池の作製を達成した。

6.7　まとめ

　現在，導電助剤として広く利用されているカーボン粒子は，ナノ粒子を活物質とする高速充放電可能なイオン二次電池の作製に適切ではない。一次元導電材料である CNT は，その形状を生かして高い電子伝導性を長距離にわたり付与できる。電子伝導性だけでなく，CNT が絡み合った植物の根に似た RSW 構造は，そこに取り込まれたナノ粒子の構造安定化に寄与するとともに，独立したナノ粒子による短いイオン拡散長に加え，ナノ粒子間の適度な空間によって電解質イオンの物質移動も容易になる。

　酸化還元時の構成する金属の価数変化やイオンの脱挿入による構造変化が小さい zero-strain ZnPBA ナノ粒子は，容量は小さいものの高速充放電を評価する標準物質として最適であった。その独立分散液を調製し，CNT と均一混合した新規電極構造を有する正極を作製した。本電極は，1000 C（3.6 秒）駆動で電池容量低下を示さず，低速充放電時と同等のエネルギー密度（91 Wh kg^{-1}）とイオン二次電池として驚異的な出力密度（$>10^5$ W kg^{-1}）を示した。PBA は構成する金属種を自在に変えることが可能であり，理論容量 150 mAh g^{-1} を超える PBA の作製も可能である。著者らは，MnPBA を用いて 300 C 駆動で 100 mAh g^{-1} を超える二次電池の作製も達成している。RSW 電極は，活物質ナノ粒子の真の特性を評価することができる最適な構造であり，今後の電池開発のブレークスルーになると考えている。2024 年度「NEDO 先導研究プロ

第3章　機能と応用

グラム／エネルギー・環境新技術先導研究プログラム」（テーマ名：革新的ナノ均一構造正極に
よる超高速充放電亜鉛二次電池の開発）の採択を受けて活物質担持量の増加や PBA 以外の高理
論容量活物質ナノ粒子の利用により本技術の社会実装を進めている。

文　　献

1) International Energy Agency, World Energy Outlook 2023
2) International Energy Agency, Net Zero Roadmap: A Global Pathway to Keep the 1.5℃ Goal in Reach
3) 経済産業省，今後の再生可能エネルギー政策について（2023）
4) 経済産業省，エネルギー基本計画（2020）
5) B. D. McCloskey, *J. Phys. Chem. Lett.*, **6**(18), 3592-3593（2015）
6) S. C. Lee *et al.*, *Energy Procedia*, **88**, 526-530（2016）
7) M. Muthukumar *et al.*, *Mater. Today: Proc*, **45**, 1181-1187（2021）
8) 石﨑学ほか，超高速充放電亜鉛二次電池の実現を目指した独立分散ナノ粒子正極構造の開発，月刊 JETI，6 月号（2024）
9) 石﨑学ほか，超高速充放電亜鉛二次電池のための独立分散ナノ粒子正極構造構築，クリーンエネルギー，8 月号（2024）
10) J. J. Lamb *et al.*, *Energies*, **14**(4), 979（2021）
11) 経済産業省・資源エネルギー庁，エンジン車でも脱炭素？グリーンな液体燃料「合成燃料」とは（2021）
12) Y. Asahina *et al.*, *J. Mater. Chem. A*, **11**(48), 26452-26464（2023）
13) 独立行政法人エネルギー・金属鉱物資源機構，リチウムの需給動向と最近のトピックス（2023）
14) M. K. Aslam *et al.*, *Nano Energy*, **86**, 106142（2021）
15) Q. Li *et al.*, *Energy Storage Materials*, **42**, 715-722（2021）
16) A. Gotoh *et al.*, *Nanotechnology*, **18**(34), 345609（2007）
17) Y. You *et al.*, *Adv. Mater.*, **28**(33), 7243-7248（2016）
18) 仁科辰夫，高速充放電リチウムイオン二次電池の開発，FB テクニカルニュース，64 号（2008）

7 単層カーボンナノチューブのヨウ素内包を利用した二次電池,太陽光水素生成

石井陽祐[*1],川崎晋司[*2]

7.1 はじめに

単層カーボンナノチューブ（SWCNT）がC_{60}分子を内包できることはよく知られている（図1）[1]。図1の構造はあたかもC_{60}分子が"豆"で，SWCNTが"さや"のように見えることから"peapod（さやえんどう）"と呼ばれるようになった。このpeapodという物質，あるいはSWCNTの内包という現象は多くの研究者の興味を惹くことになり，関連物質の合成が多数報告された[2～6]。多数の論文が発表されるようになるとpeapodという用語の示す物質がC_{60}分子を内包したSWCNTなのか，他の分子を含めた分子内包SWCNTなのかがややあいまいになった。混乱をさけるためには何を内包したSWCNTなのかを明示するように例えばC_{60}-peapodのように表記するのが推奨される。

当初は構造的興味に比重が大きいように思われた分子内包SWCNTであるが，徐々にその物性にも関心が向けられるようになっていった。これまでに分子内包SWCNT電池電極性能，光触媒性能，熱電変換性能などについて興味深い報告が行われている。私たちはこれまでにさまざまな分子内包SWCNTの電池電極特性を評価してきた（図2）[7～18]。本稿ではヨウ素内包SWCNTの電池電極特性について最近取り組んでいる研究を紹介する。ヨウ素内包SWCNTを電池電極として利用する際にはもちろんヨウ素のレドックス反応を電極反応として使うのだが，一段階のレドックス反応ではなく多段階のレドックス反応を利用する研究を進めている[11]。これにより高容量・高電圧な二次電池の開発が可能になる。また，高電圧二次電池では水の電気分解のために水溶液電解液が使用できないのが一般的であるが，濃厚水溶液電解液の広い電位窓を利用すると安全な水溶液二次電池ができる。本稿ではヨウ素内包SWCNTの二次電池だけでなく，SWCNTがヨウ素を内包することを太陽光水素生成にも利用できることを解説する。

図1 C_{60}分子を内包したSWCNT（C_{60}-peapod）

---

*1　Yosuke ISHII　名古屋工業大学　大学院工学研究科
　　　工学専攻カーボンニュートラルプログラム　准教授
*2　Shinji KAWASAKI　名古屋工業大学　大学院工学研究科
　　　工学専攻カーボンニュートラルプログラム　教授

第3章　機能と応用

ゲスト分子	応用	発表論文
キノン分子 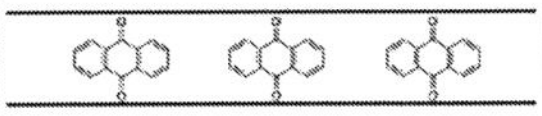	1. 水溶液二次電池 2. 低温電池 3. Naイオン電池 4. Liイオン電池	1. JJAP　（2019) 2. ACS Omega (2018) 3. Nanotechnology(2017) 4. PCCP (2016)
ヨウ素 	1. 多段階ヨウ素レドックス 2. 全固体電池 3. 電解液レドックスキャパシタ 4. 構造特性 5. 電気化学挿入	1. JPC C (2023) 2. ACS Omega (2019) 3. J. Nanosci. Nanotech(2017) 4. JPC C (2016) 5. PCCP (2013)
リン 	Naイオン電池	AIP Adv. (2016)
硫黄 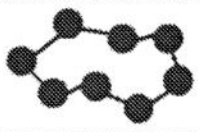	Liイオン電池	AIP Adv. (2016)
C60 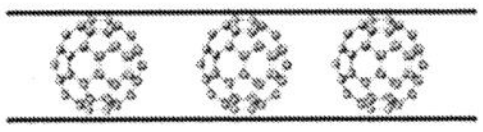	1. Liイオン電池 2. Liイオン電池	1. Carbon (2009) 2. Mater. Res. Bull. (2009)

図2　私たちの分子内包 SWCNT 電池電極特性研究のまとめ[7〜18]

7.2　分子内包 SWCNT 電極の利点

　私たちがこれまでに多数の分子内包 SWCNT の電池電極特性を調べてきたことはすでに述べたとおりであるが，わざわざ SWCNT に分子を内包させなければならない理由は何だろうか。その理由はいくつかあるのだが，図2の一番上に示したアントラキノンなどのキノン分子を例にあげて解説していこう。

　キノン分子は分子の還元によりアルカリ金属イオンを捕捉することができ，電極材料として利用することができる。レアメタルなどの金属をいっさい含まないので価格面で有利であるだけでなく，一般に軽量であるので重量あたりのイオン貯蔵量が大きくなることも利点である。しかし，キノン分子は電気伝導性に乏しいことに加え，容易に電解液に還元溶解してしまうという電極活物質としては致命的な欠点を有している[7〜10]。したがって，キノン分子をそのまま電極活物質として使用することは困難である。しかし，キノン分子を SWCNT に内包させることでこの2つの問題を解決することができる。SWCNT は優れた電気伝導性を有するのでキノン分子が内包されれば電子移動パスは理想的な形で確保される。これによりキノン分子の低電気伝導性の問題は解決できる。次に SWCNT 中空内で分子が安定に保持されることについてその理由を解説する。分子が固体表面に置かれたときに固体表面に吸着されるような相互作用が働く。SWCNT の中空に置かれた分子は分子から見て周囲360度が SWCNT の内表面に囲まれることから非常に強い吸着力を受けることになる。つまり，分子がひとたび SWCNT の中空に取り込まれるや非常に強く中空内に保持されることになる。C_{60} 分子はトルエンに容易に溶解して赤紫色を示す

135

ことがよく知られているが，C_{60}-peapod をトルエンに浸漬しても溶液の色は全く変わらない。つまり，C_{60}分子が SWCNT に強く保持されているためにトルエン中に溶解しないのである。これと同じことがキノン分子を内包した SWCNT でも起こる。何も保護しないキノン分子電極では充放電サイクルを重ねると還元溶解のためにわずか数サイクルで電極容量が半分程度まで低下してしまうが，SWCNT に内包することでこれを防ぐことができる。このような還元溶解の問題を解決できることが分子内包 SWCNT 電極のもう一つの利点である。

7.3　ヨウ素内包 SWCNT 電極

　ここからはヨウ素内包 SWCNT の電池電極への応用について述べる。C_{60}-peapod の発見が端緒となりさまざまな分子を内包する SWCNT 合成が研究されてきたことはすでに説明してきた通りである。しかし，C_{60}-peapod をどうやって合成するのかということはここまで説明してこなかった。実はこれは簡単で C_{60} 粉末試料と SWCNT をガラス管にいれて真空封入して加熱するだけである。C_{60} は昇華性の分子で真空中であれば 500℃ くらいで昇華する。ガス状の C_{60} が形成された後，冷却過程でさきに述べた SWCNT の中空の吸着力（毛管凝縮）により C_{60} 分子が SWCNT に内包される。C_{60}-peapod の発見後に多数の分子内包 SWCNT の報告があったが，合成方法はほとんどがこの真空昇華法であった。そのような中で私たちはヨウ素の水溶液からヨウ素内包 SWCNT が合成可能であることを発見した[15]。私たちはハロゲンイオンと SWCNT の反応性を評価している過程で，電解酸化で生成したヨウ素分子 I_2 が非常に効率よく SWCNT に内包されることを発見したのである。具体的にはヨウ化物イオンを含む溶液中で SWCNT に正電位を付与するとヨウ化物イオンがヨウ素分子 I_2 に電解酸化されるとともに SWCNT の中空内に取り込まれる。この電解酸化法によるヨウ素内包は簡単であるだけでなく，水溶液を使ってできるというところがポイントになる。水溶液を電解液と読みかえれば内包過程は電極反応とみることができ，ヨウ素内包 SWCNT を電池電極として利用できそうである。

　実際に電解酸化によりヨウ素を内包する際に電気量により内包量の調整ができることもわかり，電池電極として機能するだろうと予測できた。図2に示したように，電解酸化によるヨウ素内包手法の発見以後レドックスキャパシタや全固体電池の電極としてヨウ素内包 SWCNT（I@SWCNT）が機能することを報告している[12,13]。全固体電池では I@SWCNT を作用極，Li 金属を対極とし，固体高分子電解質としてポリエチレンオキサイド（PEO）に Li 塩を溶かしたものを使用したテストセルで電極動作を確認している。この電池電極においてはヨウ素/ヨウ化物イオンのレドックス反応すなわち 0 価/−1 価の反応を利用している。このようなヨウ素/ヨウ化物イオンのレドックス反応を利用する電池の問題点はヨウ素の原子量が大きいためにエネルギー密度が低いことである。

　さて，電池のエネルギー密度を高めるためには容量を大きくするか，電池電圧を高くすることが必要である。この2つを同時に達成することが理想的であるが I@SWCNT ではそれが可能であることが最近わかった。ヨウ素はハロゲン元素であるからイオンとしてはヨウ化物イオン I^-

第3章 機能と応用

を思い浮かべる方が多いであろう。しかし、ヨウ素はハロゲン間化合物などで陽イオンとしても存在することが知られており、教科書には−1, +1, +3, +5, +7価をとり得ることが記されている。もし、電池電極として−1価/0価のレドックス反応だけでなくさらに0価/+1価のレドックス反応も利用することができれば電池容量と電池電圧の両方を向上できる。

図3(左)はヨウ素の2段階のレドックス反応を利用した電極反応を模式的に描いたものである。ここでは対極を亜鉛金属とし、電解液には濃厚水溶液を利用するような形で描いている。このような組み合わせにすると、正極、負極とも電極の理論容量を高くすることができる。金属亜鉛負極の理論容量は約 820 mAh/g であり、正極はヨウ素の2段階反応のところだけをみると理論的には約 422 mAh/g となり、いずれも高容量である。

次に電極電位についてみていこう。図3(右)は金属リチウムを対極とし、I@SWCNTを正極としたテストセルでの充放電にともなう正極電位の変化を調べたものである[11]。図3(右)に示すように充放電曲線には明瞭な2段階のプラトーが観測されており、ヨウ素の2組のレドックス反応が電極反応として利用できていることがわかる。2つのプラトーのうち低電位側がヨウ素−1価/0価のレドックス反応、高電位側が0価/+1価の反応に対応する。このことは分光実験により確認することが可能である。私たちは充放電図で示した各段階の試料のヨウ素のXANESスペクトルを測定した。充放電図の上側に行くほどXANESの吸収端が高エネルギー側にシフトしていることがわかり、2段階のレドックス反応がチューブ内で進行していることが確認された[11]。

図3(右)の充放電曲線において低電位側のプラトー電位に対して高電位側のプラトーが約 0.5 V 高くなっていることがわかる。したがって、ヨウ素の2段階のレドックス反応を電極反応に取り入れることで電池電圧を1段階のレドックス反応を利用する一般的なヨウ素電池に比べて約 0.5 V 高くできることになる。

ヨウ素内包SWCNT電極を用いてかつ2段階のレドックス反応を利用することで高容量かつ

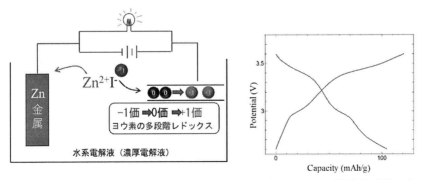

図3 ヨウ素の2段階レドックス反応をSWCNT中空内部で行う電池の模式図(左)、右は実際にI@SWCNTを利用して2段階レドックス反応を充放電曲線で観測したもの(右)
ただし、充放電曲線は有機系電解液を用いて測定したものであり、縦軸の電位は金属リチウム基準であることに注意[11]。

137

高電圧の二次電池を開発できそうだということを示してきた。こうした高エネルギー密度の二次電池において問題となるのは安全性である。高電圧の電池においては水の電気分解のために水溶液電解液が使用できず有機系の電解液が使用される。3.5 V 以上の起電力を有するリチウムイオン電池では一般にエチレンカーボネートなどの有機系電解液が使用されている。こうした有機系電解液は発火や爆発の危険性があり，実際にリチウムイオン電池では多数の事故が報告されている。この問題を解決するために私たちは水溶液電解液でありながら広い電位窓を有する濃厚水溶液電解液中で I@SWCNT の多段階レドックス反応が利用できないかをテストしている。詳細は省略するが，濃厚水溶液電解液中で I@SWCNT の充放電曲線の観測を行い，多段階の電位プラトーは観測できている。安全で高容量，高電圧の二次電池の開発を目指して研究を進めている。

7.4 ヨウ素内包を利用する太陽光水素生成

　地球温暖化という用語が地球沸騰化に置き換えられようとしていることに象徴されるように環境問題は年々深刻になっている。この状況を打破し，カーボンニュートラルの実現に向けて太陽光などの自然エネルギーを利用する再生可能エネルギー社会への移行が期待されている。こうした中で水素ガスがクリーンエネルギーとして注目されている。しかし，現在商用化されている水素ガスのほとんどは天然ガスの主成分であるメタンを水蒸気改質法で分解して得られたものである。この分解過程で二酸化炭素を排出しており脱炭素ではなく，化石燃料を原料にしているから脱化石燃料にもなっていない。このような方法でつくられた水素ガスをグレー水素という。もちろん，グレー水素ではカーボンニュートラルに大きな貢献はできない。そこで期待されているのが再生可能エネルギーを使って水から水素をつくりだす方法である。この方法であれば二酸化炭素を排出することもなく，化石燃料を使うこともない。この手法で得られた水素ガスをグリーン水素という。グリーン水素はまさにクリーンエネルギー源である。

　具体的なグリーン水素の製造方法として太陽光をエネルギー源とする光触媒による水素生成が期待されている。このとき水素は水素イオンを還元して生成するのであるが，対となる酸化反応が必要である。この酸化反応として水からの酸素生成を考えると図4に示す電位差が必要となる。しかし，この電位差では実際には水を分解することはできない。水の電気分解において水素過電圧や酸素過電圧と呼ばれる余分な電圧が必要なことと同様に，光触媒による水の分解においても 1.23 eV よりもはるかに大きなバンドギャップの光触媒が必要である。大きなバンドギャップの半導体では吸収できない太陽光の波長領域が広がり，太陽光の有効利用が難しくなる。これに対して水素生成の対となる酸化反応として酸素生成の代わりにヨウ化物イオンからのヨウ素の生成を利用するとバンドギャップの小さい光触媒を利用することが可能となる（図4）。これにより太陽光エネルギーの有効利用が可能となり，水素の生成効率が高くなる。

　しかし，水素生成の対となる酸化反応としてヨウ素の反応を利用することに対して2つの問題が生じる。当然のことながら，ヨウ素の反応を利用するためには系中にヨウ化物イオンが存在しなければならない。つまり，ヨウ化物イオンの逐次投入が必要となるが，これが1つ目の問題で

第3章　機能と応用

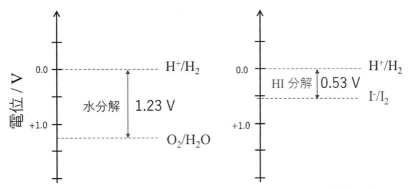

図4　水素生成の対反応として（左）酸素，（右）ヨウ素の生成を考えた時に光触媒に要求される最低エネルギーギャップ

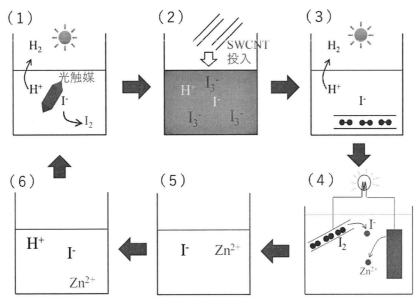

図5　光水素生成と電池発電を繰り返すヨウ化水素（HI）サイクル

ある。もうひとつの問題はヨウ素の反応を利用するとポリヨウ化物イオン I_3^- が生成し溶液が茶色に呈色してしまうことである。このような呈色が起こると光触媒の光吸収が阻害され水素生成量が低下してしまう。この2つの問題はSWCNTを使うことで解決できる。

図5を順を追って説明する。ヨウ化水素を含む水溶液中で光触媒を使って水素を生成すると水素生成と同時にヨウ化物イオンの酸化によりヨウ素分子 I_2 が生成する（図5(1)）。ヨウ素分子 I_2 はヨウ化物イオンが存在する溶液中では I_3^- を生成して茶色に呈色する（図5(2)）。しかし，ここにSWCNTが存在していればSWCNTが I_3^- からヨウ素分子 I_2 を引きはがしてチューブ内に取り込むことにより溶液が透明になる（図5(3)）。このとき副産物としてヨウ素を内包した

SWCNT が生成する。この副産物である I@SWCNT を亜鉛金属と組み合わせると電池ができる（図5 (4)）。この電池を発電すると系中にヨウ化物イオンが戻される（図5 (5)）。図5 (5) はヨウ化亜鉛 ZnI_2 を水に溶解させたように書いているが実際にはこのような形で溶解するのではない。ヨウ化亜鉛 ZnI_2 を水に溶解させると弱酸になることが知られている。つまり，図5 (4) の電池の発電でヨウ化物イオンだけでなく水素イオンも溶液中に戻される（図5 (6)）。こうした一連の過程により，再び水素生成を行うことが可能となるのである。私たちは，図5 に示したヨウ化水素（HI）サイクルが動作することを確認して論文発表している[19]。

7.5 おわりに

SWCNT がチューブ中空にさまざまな分子を取り込めること，およびその仕組みを解説した。分子内包 SWCNT はナノチューブを介した分子への理想的な電子伝導パスが形成されることに加え，内包分子の電解液への溶解が防がれるため，通常は電極活物質として利用できない分子を活用できることを示した。ヨウ素内包 SWCNT がリチウムイオン電池電極やレドックスキャパシタ電極として機能することを説明した。また，多段階のヨウ素のレドックス反応を利用することで高容量，高電圧二次電池を開発できることを示した。さらに，SWCNT がヨウ素を内包できることを利用して高効率太陽光水素生成と電池発電を繰り返し行うことができる HI サイクルを紹介した。

文　献

1) 川崎晋司，新炭素材料ナノカーボンの基礎と応用，科学情報出版 (2019)

2) W. B. Smith, M. Monthioux, E. D. Luzzi, *Nature*, **396**, 323-324 (1998)

3) K. Hirahara, S. Bandow, K. Suenaga, H. Kato, T. Okazaki, H. Shinohara, S. Iijima, *Phys. Rev. B*, **64**, 115420 (2001)

4) J. Lee, H. Kim, J. S. Kahng, G. Kim, W. Y. Son, J. Ihm, H. Kato, W. Z. Wang, T. Okazaki, H. Shinohara, Y. Kuk, *Nature*, **415**, 1005-1008 (2002)

5) Y. Maniwa, H. Kataura, M. Abe, S. Suzuki, Y. Achiba, H. Kira, K. Matsuda, *J. Phys. Soc. Jpn.*, **71**, 2863-2866 (2002)

6) K. Yanagi, Y. Miyata, H. Kataura, *Adv. Mater.*, **18**, 437-441 (2006)

7) C. Li, Y. Ishii, S. Kawasaki, *Jpn. J. Appl. Phys.*, **58**, SAA02 (2019)

8) C. Li, M. Nakamura, S. Inayama, Y. Ishii, S. Kawasaki, A. Al-zubaidi, K. Sagisaka, Y. Hattori, *ACS Omega*, **3**, 15598-15605 (2018)

9) C. Li, Y. Ishii, S. Inayama, S. Kawasaki, *Nanotechnology*, **28**, 355401 (2017)

10) Y. Ishii, K. Tashiro, K. Hosoe, A. Al-zubaidi, S. Kawasaki, *Phys. Chem. Chem. Phys.*, **18**, 10411-10418 (2016)

第 3 章　機能と応用

11) T. Akiyama, M. Ohshima, Y. Yokoya, Y. Ishii, S. Kawasaki, *J. Phys. Chem. C*, **127**, 23586-23591 (2023)

12) N. Kato, Y. Ishii, Y. Yoshida, Y. Sakamoto, K. Matsushita, M. Takahashi, R. Date, S. Kawasaki, *ACS Omega*, **4**, 2547-2553 (2019)

13) Y. Taniguchi, Y. Ishii, A. Al-zubaidi, S. Kawasaki, *J. Nanosci. Nanotechnol*, **17**, 1901-1907 (2017)

14) Y. Yoshida, Y. Ishii, N. Kato, C. Li, S. Kawasaki, *J. Phys. Chem. C*, **120**, 20454-20461 (2016)

15) H. Song, Y. Ishii, A. Al-zubaidi, T. Sakai, S. Kawasaki, *Phys. Chem. Chem. Phys.*, **15**, 5767-5770 (2013)

16) Y. Ishii, Y. Sakamoto, H. Song, K. Tashiro, Y. Nishiwaki, A. Al-zubaidi S. Kawasaki, *AIP Adv.*, **6**, 035112 (2016)

17) S. Kawasaki, Y. Iwai, M. Hirose, *Carbon*, **47**, 1081-1086 (2009)

18) S. Kawasaki, Y. Iwai, M. Hirose, *Mater. Res. Bull.*, **44**, 415-417 (2009)

19) Y. Ishii, M. Umakoshi, K. Kobayashi, R. Kato, A. Al-zubaidi, S. Kawasaki, *Phys. Status Solidi RRL*, **2023**, 2300236 (2023)

8 分子接合によるカーボンナノチューブ紡績糸の低熱伝導率化と布状熱電変換素子

中村雅一[*]

8.1 はじめに

我々の身の回りには孤立小型電子機器が数多く存在しており，ヘルスモニタや様々な IoT セ
ンサネットワークなど，エレクトロニクスの機能が各所に散在しつつ増加する流れが今後ますま
す強まってゆくであろう。そのための分散エネルギー源として，環境エネルギーから電気を生み
出すエナジーハーベスティング技術の必要性が高まっている[1]。屋内環境で利用できる環境エネ
ルギーの中で熱エネルギーは比較的密度が高く，人間が生産活動や生活を行うときには常に何ら
かの熱流が生じる。特に人体を想定すると最小値がゼロにならないことも特筆すべき点である。
このような利点に対し，エネルギー変換効率が際だって低いことが欠点である。これを補うため
には，設置の容易さや使用者が冷たさ，硬さなどの違和感を覚えないという「使い勝手」を重視
し，できる限りの大面積素子によって多くのエネルギーを収穫するという戦略が必要となる。ま
た，本来棄てているエネルギーを使うという点から，エネルギー変換効率ではなく，常在するエ
ネルギー流を大きく増減させることなく必要な電力を許されるコストで生み出せるかどうかとい
う尺度も重要となるであろう。

類似の研究を紹介する役割は他のレビュー論文[2]などに譲り，ここでは上述の背景によって
我々が研究を続けてきた布状熱電変換素子に関する研究を概観することにより，同様の研究を行
おうとする方々の参考にしていただくことを目指す。

8.2 熱電材料および素子に要求される性能

熱電材料の性能は一般的に無次元性能指数

$$ZT = \frac{\alpha^2 \sigma T}{\kappa} \tag{1}$$

で表される。ここで，α はゼーベック係数，σ は導電率，κ は熱伝導率，T は使用環境での温度
である。素子の最大エネルギー変換効率は ZT 増に対して単調に増加するため，熱電材料開発で
は，ZT が少しでも大きい材料を探すことが王道であると考えられている。すなわち，ゼーベッ
ク係数や導電率が大きく，熱伝導率が小さい物質が優れた熱電材料である。これに対して，カー
ボンナノチューブ（CNT）は，単分子レベルでの長手方向熱伝導率が 1000 W/mK を超えるこ
とが知られており[3]，紡糸した状態でのマクロな熱伝導率も数十〜数百 W/mK という高い熱伝

---

[*] Masakazu NAKAMURA　奈良先端科学技術大学院大学　先端科学技術研究科
物質創成科学領域　教授

第 3 章　機能と応用

導率を持つ材料である。従って，ZT を大きくするためにも，熱輸送をいかに抑制するかが課題である。

　さらに，ウェアラブルあるいは住環境などで用いるフレキシブル熱電変換素子にとっては，κ が小さいということは ZT が大きくなること以上に重要なファクターとなる。そのような用途では，低温側に水冷機構や大きな冷却フィンなどを使えない場合が多く，熱の放出はもっぱら平面から大気への自然放熱に頼ることになる。それが熱流の律速過程となり，素子に十分な温度差が生じにくいためである。我々の試算によると，熱電材料の能力を十分に活かすためには，有機材料の中でも低めである 0.1 W/mK 程度の熱伝導率をもってしても，数 mm 程度の厚みが必要である[4]。断熱材に近い低熱伝導率と数 mm の厚みを持ち，かつ，ウェアラブル用途に適した高い柔軟性を持つという条件を満たすものとして真っ先に思い浮かぶのは「布」である。一方，CNT は無機材料の中では例外的に糸状や布状に加工しやすい材料である。そこで，筆者らは，CNT の特徴を活かしつつ熱伝導率を抑制するための熱電材料設計，素子構造，および，素子作製法を総合的に開発する研究を進めてきた。

8.3　低熱伝導率化のための材料設計

　CNT 複合材料では，金属的な高い導電率を持ちつつ比較的大きなゼーベック係数を示し，極めて高いパワーファクター（$PF = \alpha^2 \sigma$）がしばしば得られる。これに対して，熱伝導率を低減させる手段として，図1のようにコアシェル型分子を隣接 CNT 間に接合させる構造を利用することを考案した。CNT 中のフォノンは sp^2 炭素の固い2次元格子を反映して比較的振動数が高いものが多い。そこに柔らかい構造をシェルとして持つ分子を接合させると，両者の界面で振動が伝達されにくいはずである。このとき，シェルの厚さを 1 nm 程度にし，内部に半導体コアを入れておけば，共鳴トンネル効果によって電子あるいはホールを選択的に透過させることができる。つまり，熱電材料にとって理想的な phonon blocking and electron tunneling junction として働くと期待した。

　これを実現するために選択した分子は，かご状タンパク質である *Listeria innocua* Dps（DNA-binding protein from starved cells，PDB：1QGH）に対して CNT に選択的に吸着する能力を付与したもの[5~7]（図2(a)。以下，これを C-Dps と称する。）である。図2(b)に，無機粒子を内包した C-Dps 分子で2本の CNT が橋渡しされた接合部の模式図を示す。この分子を金属半導体混合状態の CNT に水中で吸着させ，C-Dps 吸着 CNT を遠心分離などによって純化した後に，その水分散液からキャスト法によって CNT/C-Dps 複合体薄膜を形成した。その熱電特性を評価したところ，パワーファクターを低下させることなく，CNT のみを凝集させたものに対して最大のケースで約 1/100 にまで熱伝導が抑制された[8]。

8.4　布状熱電変換素子のための素子設計

　ところで，CNT 複合材料によってただちにフレキシブルな熱電変換素子が完成するわけでは

143

カーボンナノチューブの研究開発と応用

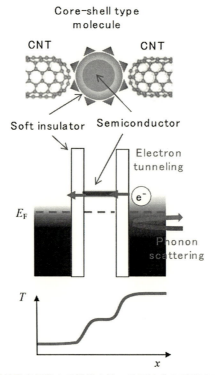

図1 熱輸送を抑制し，熱電効果を促進する機能を持つ分子接合のデザイン：（上）接合構造の模式図，（中）接合部のエネルギーバンド図，（下）接合内の温度分布

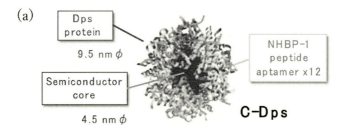

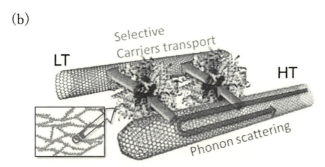

図2 (a)本研究で用いたかご状タンパク質（C-Dps，直径約9 nm），(b)分子接合の模式図

第3章　機能と応用

ない。一般に純 CNT や CNT を多く含む複合材料の固体は硬くて脆いものとなり，そのままでは数 mm の厚みと柔軟性を両立できないからである。折り曲げられる程度の厚みの自立 CNT 複合材料薄膜（バッキーペーパー）を折り紙のように折って必要な厚みを確保する方法もしばしば提案されている[9~11]が，そのような構造では衣服のように身体の様々な動作に追従させることは容易ではない。我々は，フレキシブル条件を満たすための素子構造とその作製法の一つとして，CNT 複合材料を紡糸し，形成された糸を望ましい厚さの布状基材に縫い込むことでフレキシブルな熱電変換素子を作る方法を提案してきた。図3 に，我々が用いている湿式紡糸の概略図を示す。凝集液としてメタノールを満たした容器を回転させ，その中に CNT 分散液を吐出することでゲル状の糸が形成される。それをゆっくり引き上げながら乾燥させることで，直径 20～60 μm の CNT 紡績糸ができあがる。初期の研究では，分散剤としてドデシル硫酸ナトリウム（SDS），バインダーとしてポリエチレングリコール（PEG）を用いた[4]。このとき用いた CNT 原料は eDIPS 法による SW-CNT[12] で，後に詳しく説明する分散方法は最も単純な Method A である。

この糸を用いて初めて作製された布状熱電変換素子の構造を，図4(a)に示す。p/n 縞状ドーピングを施された CNT 紡績糸を，ドーピングとピッチを合わせて布に縫い込むことで，断面図

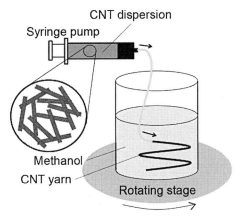

図3　湿式紡糸法による CNT 糸の作製

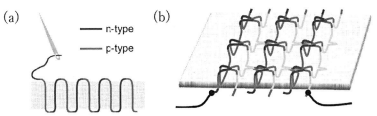

図4　CNT 糸を布に縫い込んで作製した布状熱電変換素子の模式図
(a)直線縫いによる直列型構造の断面図，(b)メッシュ型構造の斜視投影図

に示されるようなπ型セルの直列接続構造が形成される。縞状ドーピングパターンは，紡績時に大気中の酸素や水などの影響でp型となっているCNT紡績糸をプラスチック小片に巻きつけ，その片側のみにn型のドーピング剤としてイオン液体（IL）である1-butyl-3-methylimidazolium hexafluorophosphate（[BMIM] PF$_6$）に 10 wt% の dimethyl sulfoxide（DMSO）添加したものを塗布することで形成した。これはcharge stabilization type のドーピング[13]であり，PF$_6$のほうが揮発性が高いことによりBMIM$^+$が過剰となり，CNTが電子過剰な状態で安定しているものと考えることができる。ILを用いることのメリットは，粘度の高さによって溶液がCNT紡績糸に浸透してp/n境界が曖昧になることを防ぐことができる点にある。そのため，治具の大きさにより自在にドーピングピッチを調節することができ，基材である布の厚みに合わせることができる。

このようにして作製された素子を折りたたむ動作を160回繰り返したが，素子抵抗の変化は2％以下であった。これは論文発表時に既報であったフレキシブル熱電素子による結果[14,15]と比べ，十分高い曲げ耐性であった。高い曲げ耐性が得られるのは，活性材料であるCNT紡績糸が基材に強く固定されていないため，活性材料が曲げ応力を受けにくいことによる。これは，ウェアラブル用途において非常に有利な点であると言える。縫い方の工夫次第で基材の伸縮に対してもCNT紡績糸にはストレスがかからないようにすることができ，通常の衣服と同様の使い方に対して耐性を持たせることができると考えられる。その後，糸の断線に対する耐性を向上させるための改善を行い，図4(b)のような編み込み構造[16]も用いられている。

8.5　材料設計と素子設計の融合

前項で示した結果は，素子試作の容易性を重視してCNT/ポリマー複合材料を用いたものである。そこで確立された素子設計と，材料設計として提案し，実証してきたタンパク質分子接合を融合させる試みも研究の初期から行われてきたが，研究の初期段階ではCNT/C-Dps複合体を安定して紡糸することが困難であった。それを解決すべく，長年にわたって分散液の作製法を試行錯誤してきた結果の一部[16]を紹介する。この実験では単層CNT（*Tuball*, *OCSiAl*）を原料とし，図5に示される Method A～D の4つの分散法を比較した。それぞれの分散法の詳細は文献16）をご覧いただきたい。

これら4種の分散法によって作製された分散液をTEMグリッドに滴下してCNT/C-Dps複合体の形態観察を行ったところ，いずれの場合もCNT/C-Dps複合体は形成されているものの，Method A では多くのC-Dpsがグリッド上でCNTから外れてしまっていた。吸着力が不十分であるためと推測される。4種の中で，C-Dps の被覆率が高く，CNTバンドルの平均直径が最も小さい（すなわち，CNTがより分散された）ものは Method D であった。図6にそのTEM写真を示す。ここではC-Dpsにコアを入れていないが，燐タングステン酸染色のためにDpsシェルが白く写っている。この程度の被覆率でC-Dpsが吸着していれば，紡糸後のバンドル間にC-Dps分子接合が高確率で形成されると思われる。

第3章　機能と応用

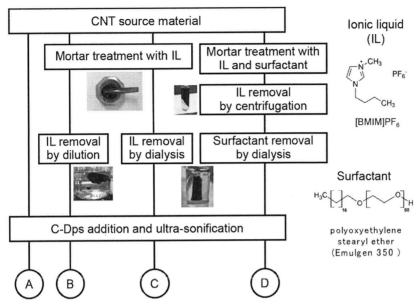

図5　CNT/C-Dps複合体の分散方法の違いを示すチャートと使用した材料

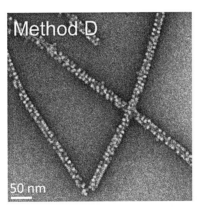

図6　Method Dで調製した分散液中のCNT/C-Dps複合体のTEM像
（4本のCNTバンドルが白い点に見えるC-Dps分子で覆われている）

　図7に，4種の方法で調整された分散液から作製されたCNT/C-Dps複合体紡績糸の熱電特性を比較する。初期の研究で用いられてきたMethod Aでは連続的な紡糸が困難であったが，Method B-DではCNT/C-Dps複合体の紡糸に成功した。この実験でCNTとC-Dps以外に紡績糸に含まれている成分は，分散に用いたILまたはsurfactantであり，これらはいずれも弱いn型のドーパントとして働くことがこれまでの実験で確認されている。ところが，いずれの試料においても正のゼーベック係数が得られていることから，C-Dpsは弱いp型ドーパントとして働くか，あるいは，n-typeドーパントとして働くILやsurfactantを排除する効果があるものと

147

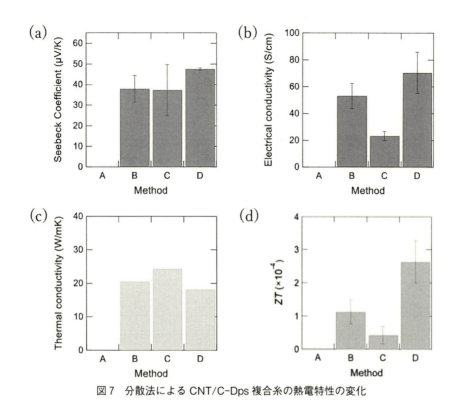
図7 分散法によるCNT/C-Dps複合糸の熱電特性の変化

推測される。紡糸に成功した3種の分散法を比較すると，Method Dにおいてゼーベック係数と導電率が最も高く，熱伝導率が最も低くなっており，その結果 ZT も最大となっている。上記のように電気的中性に近い状態にあるであろうことを考慮すると，平均バンドル直径が小さいために表面に現れているCNTが多いところにC-Dpsが吸着することで，よりホール密度が増加している可能性がある。また，コアを有しないC-Dpsはホール伝導が主体であると推測されており，接合部のゼーベック効果がp型であることの影響も加わっているものと推測される。

以上のように，分散法の改良によってCNT/C-Dps複合体紡績糸が安定して作製できるようになったところで，研究の初期に薄膜の膜厚方向について確認された熱伝導率の低減効果が紡績糸でも得られているかどうかを検証した。図8に，Method B-DによってC-Dpsを添加していない分散液と添加した分散液から作製された紡績糸の熱伝導率を比較する。紡績糸ではCNTが不完全ながらも一軸配向するために，CNTが本来持つ高い熱伝導率が活かされることになり，分子接合を持たない糸では最大で約180 W/mKという高い熱伝導率を示している。これは，熱電応用には致命的に不向きな高い値である。それに対して，C-Dps分子接合を形成することで，熱伝導率がおよそ1/8程度になっていることが確認された。冒頭に述べたウェアラブル熱電変換素子の目指すべき低熱伝導率からはまだほど遠いが，実際の素子では面積に占めるCNT紡績糸の割合（要求される発電量と許されるコストで決まるが，おそらく10%程度になると推測され

第3章　機能と応用

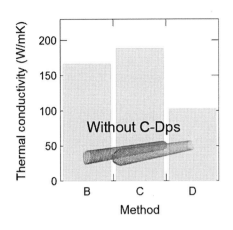

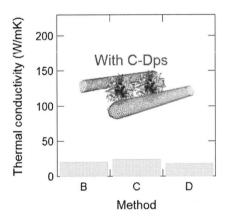

図8　C-Dps分子接合によるCNT紡績糸の熱伝導率の抑制

る）で薄められた熱伝導率が重要であること，および，CNT紡績糸の持つ高い放射率と比表面積を活かし表面から見える縫い目を工夫することで放熱速度を上げられることを考慮すると，十分実用に耐えると考えられる。

最後に，CNT/C-Dps複合体紡績糸を縫い込んだ布状熱電変換素子による発電デモンストレーションの様子を，図9に示す。素子上空にかざしたラテックス手袋をはめた手からの輻射熱によって素子の出力電圧が上昇しているところが，タイムチャートとして表示されている。低熱伝導率化の工夫に加えて，CNTが熱源からの赤外域の輻射を効率的に吸収してくれること[17]が，このような輻射熱による発電に有利に働いていると考えられる。

8.6　おわりに

本稿では，CNT紡績糸を用いた布状熱電変換素子を実現するための要素技術のいくつかについて実例を挙げて紹介した。CNTはフレキシブルあるいはウェアラブルな用途に適した材料で

149

カーボンナノチューブの研究開発と応用

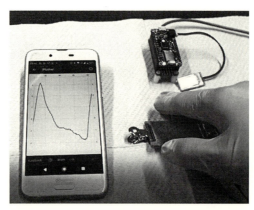

図9 CNT/C-Dps複合糸を用いた布状熱電変換素子による発電のデモンストレーション
熱電布（フェルト状の緑色の四角形）をBluetoothモジュール（右上）に接続し，出力電圧をスマートフォンに転送して出力電圧のタイムチャートを可視化している（左）

ある。CNTを用いた熱電材料/デバイス研究を進めるにあたり，本稿が多少なりともヒントになれば幸いである。

文　　献

1) S. Priya and D. J. Inman, "Energy Harvesting Technologies", Springer Nature (2009), ISBN: 978-0-387-76463-4
2) A. Nozariasbmarz, H. Collins, K. Dsouza, M. H. Polash, M. Hosseini, M. Hyland, J. Liu, A. Malhotra, F. M. Ortiz, F. Mohaddes, V. P. Ramesh, Y. Sargolzaeiaval, N. Snouwaert, M. C. Öztürk, and D. Vashaee, *Applied Energy*, **258**, 114069 (2020)
3) M. Fujii, X. Zhang, H. Xie, H. Ago, K. Takahashi, T. Ikuta, H. Abe, and T. Shimizu, *Phys. Rev. Lett.*, **95**, 065502 (2005)
4) M. Ito, T. Koizumi, H. Kojima, T. Saito, and M. Nakamura, *J. Mater. Chem. A*, **5**, 12068-12072 (2017)
5) K. Iwahori, K. Yoshizawa, M. Muraoka, and I. Yamashita, *Inorg. Chem.*, **44**, 6393-6400 (2005)
6) K. Iwahori, T. Enomoto, H. Furusho, A. Miura, K. Nishio, Y. Mishima, and I. Yamashita, *Chem. Mater.*, **19**, 3105-3111 (2007)
7) M. Kobayashi, S. Kumagai, B. Zheng, Y. Uraoka, T. Douglas, and I. Yamashita, *Chem. Commun.*, **47**, 3475-3477 (2011)
8) M. Ito, N. Okamoto, R. Abe, H. Kojima, R. Matsubara, I. Yamashita, and M. Nakamura, *Appl. Phys. Express*, **7**, 065102 (2014)
9) R. He, G. Schierning, and K. Nielsch, *Adv. Mater. Technol.*, **3**, 1700256 (2018)

第 3 章　機能と応用

10) H. Lv, L. Liang, Y. Zhang, L. Deng, Z. Chen, Z. Liu, H. Wang, G. Chen, *Nano Energy*, **88**, 106260 (2021)

11) T. Cao, X.-L. Shi, Z.-G. Chen, *Prog. Mater. Sci.*, **131**, 101003 (2023)

12) T. Saito, S. Ohshima, T. Okazaki, S. Ohmori, M. Yumura, and S. Iijima, *J. Nanosci. Nanotechnol.*, **8**, 6153-6157 (2008)

13) A. D. M. Heriyanto, Y. Cho, N. Okamoto, R. Abe, M. Pandey, H. Benten, and M. Nakamura, *RSC Adv.*, **13**, 22226 (2023)

14) S. J. Kim, J. H. We, and B. J. Cho, *Energy Environ. Sci.*, **7**, 1959-1965 (2014)

15) K. Suemori, S. Hoshino, and T. Kamata, *Appl. Phys. Lett.*, **103**, 153902 (2013)

16) Y. Cho, N. Okamoto, S. Yamamoto, S. Obokata, K. Nishioka, H. Benten, and M. Nakamura, *ACS Appl. Energy Mater.*, **5**, 3698-3705 (2022)

17) M. Zhang, D. Ban, C. Xu, and J. T. W. Yeow, *ACS Nano*, **13**, 13285-13292 (2019)

9 半導体カーボンナノチューブを用いた塗布型半導体デバイスの開発

磯貝和生[*]

9.1 はじめに

高温・真空プロセスを用いてリジッド基材に作製する従来のシリコン半導体デバイスに対し，塗布型材料を用いた塗布型半導体デバイスは，安価・省エネルギーでフレキシブル性に優れる特徴から，その実現が強く期待されている。しかしながら，有機半導体などの従来の塗布型材料では，デバイスを構成する各要素回路の実現が難しく，製品化には至っていない。

各要素回路実現に向けた課題として，例えば，相補型回路の実現が難しいことが挙げられる。デバイスを構成する論理回路では，低消費電力動作のために相補型の回路構成が求められ，P型とN型の特性を示す機能素子（トランジスタ）が必要になるものの，それを単一の塗布型半導体材料で実現することは非常に難しい。また，例えばRFID（Radio Frequency Identification）などの高周波を用いるデバイスでは，高周波電力を直流電力に変換する整流回路が必要になり，高いキャリア移動度を有する半導体材料が必要になる。

東レでは，独自の半導体ポリマーを用いて半導体カーボンナノチューブ（CNT）複合体を形成し，半導体CNTを均一に分散することで高性能な塗布型半導体を実現するとともに，独自の電子供与性化合物を用いることで相補型回路の実現への目途を得た。さらに，東レ独自の塗布型絶縁材料・導電材料，及び各材料の微細加工技術を用いることで，塗布型半導体デバイスとして初めて，高周波無線による通信動作を実証したことから，その内容について説明する。

9.2 高移動度半導体 CNT 複合体

半導体CNT複合体は，半導体ポリマーを半導体CNTの表面に付着（複合体化）させた塗布型半導体材料である。原料となる単層CNTは金属CNTと半導体CNTの混合物であるため，最初に，水中への分散及びカラム分離によって半導体CNTを分離（半金分離）し，高純度半導体CNTを得る。次に，半導体CNTを独自の半導体ポリマーを用いて複合体化することで有機溶媒中に均一分散させ，半導体CNT複合体の分散液（半導体CNTインク）とする。

半導体CNTインクは，例えばインクジェットなどの塗布技術により所望の位置に塗布することが可能であり，その後，乾燥工程により有機溶媒を蒸発させることで半導体CNT複合体からなる半導体層を形成できる。そのため，後述するトランジスタの半導体層の形成において，犠牲層の形成やエッチング工程などが不要であり，容易に半導体層を形成できる特徴がある。

ここで，半導体CNT複合体からなる半導体層の電気的な特性は，インク中に均一に分散された半導体CNTが，塗布・乾燥工程を経て基板上にネットワーク状に接続されることにより決定

---

[*] Kazuki ISOGAI 東レ㈱ 先端材料研究所 研究員

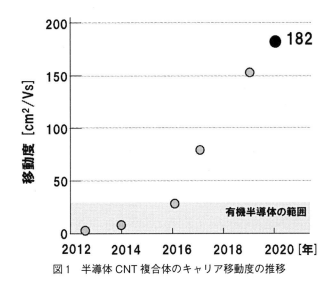
図1 半導体CNT複合体のキャリア移動度の推移

される。この半導体CNTネットワークの電気的な特性を向上する，つまり電気的な導電性を担うキャリアの移動度を向上させるには，ネットワークとしての抵抗を低減し，半導体CNT本来の優れたキャリア移動度を引き出すことが重要になる。東レでは，半導体CNTネットワークの低抵抗化に向けて，原料である単層CNTの合成条件の検討に加え，水中に分散させる際の超音波分散条件の最適化およびカラム分離条件の改良を進め，長尺かつ直径分布が狭い半導体CNTを得ることに成功した。

長尺かつ直径分布が狭い半導体CNTでは，その凝集性の強さのために，インク化での均一分散が難しい課題があった。そこでインク化の改良に取り組み，①半導体ポリマー主鎖の立体構造制御によるCNTへの付着力向上，②半導体ポリマー側鎖による立体反発を生かした凝集抑制，③半導体CNT複合体に合わせた溶媒設計（立体構造や極性）を追求し，長尺かつ直径分布の狭い半導体CNTの均一分散を達成した。

図1に，これまで東レが達成してきた半導体CNT複合体のキャリア移動度向上の推移を示す。既存の有機半導体では二桁の移動度にとどまっているのに対し[1,2]，東レの半導体CNT複合体では三桁の移動度を達成し，その移動度は他の塗布型半導体材料を大きく上回る182 cm^2/Vsである。

9.3 機能素子（トランジスタ）の形成

高移動度半導体CNT複合体に加え，東レ独自の塗布型絶縁材料，塗布型導電材料を用いることで，電子回路を構成する機能素子であるトランジスタの形成が可能になる。図2は，高移動度半導体CNT複合体を用いた薄膜トランジスタ（Thin Film Transistor, TFT）の模式図である。

絶縁材料および導電材料は，東レが長年培ってきた感光性技術をベースとした塗布型材料であ

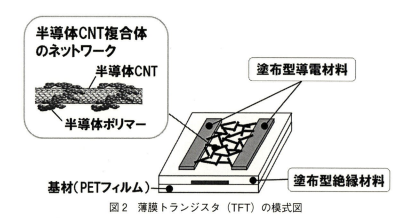

図2　薄膜トランジスタ（TFT）の模式図

り，フォトリソグラフィーのプロセスによりパターン加工できる特徴を有する。そのため，トランジスタに必要な絶縁層のビア部やパターニングされた電極（ソース，ドレイン電極など）をフォトリソ加工により形成することができる。

半導体CNT複合体を用いたトランジスタでは，その高いキャリア移動度により，これまで塗布型では実現が難しいとされてきた高周波動作が可能である。後述する920 MHzのUHF（Ultra High Frequency）帯無線を用いたRFIDなどの実現に向けては，920 MHzの高周波で動作する整流回路が必要になるが，今回開発したトランジスタを用いた塗布型整流回路において，920 MHzの交流から直流電力への変換を確認している。

9.4　N型トランジスタ

次に，相補型回路，つまりP型とN型の特性を示すトランジスタを組み合わせた論理回路の実現に向けた取り組みについて説明する。一般に，半導体CNTを用いたトランジスタは，空気中の酸素との相互作用により，P型となる。そこで，半導体CNTにポリエチレンイミンなどの電子供与性化合物を相互作用させることでN型へと特性変換する研究が数多くなされている[3,4]。そのメカニズムとしては，半導体CNTへの電子ドーピングにより，電荷輸送を担う電子を半導体CNTのLUMO（Lowest Unoccupied Molecular Orbital）準位に注入することが考えられるが，半導体CNTのLUMO準位は大気中の酸素や水分による酸化準位よりも浅いため，大気下では酸化されてP型へ戻る（脱ドーピング）という大きな課題があった。

そこで，東レでは脱ドーピング及び電子ドーピングの要因分析を進め，大気中の水分が半導体CNTに接触しやすい環境や構成で脱ドーピングが起きやすいこと，特定の電子準位と立体構造を有する電子供与性化合物が半導体CNTに安定して電子ドーピングすることを突き止めた。

上記知見をもとに，低吸水なマトリックス樹脂に特定の電子供与性化合物を分散したオーバーコート材を半導体CNTに相互作用させるコンセプトを着想し，吸水率の低い樹脂を用いて脱ドーピングの抑制を図りながら，独自の電子供与性化合物による半導体CNTの電子ドープ状態

第3章　機能と応用

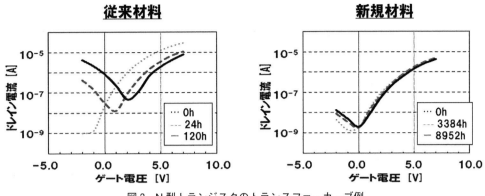

図3　N型トランジスタのトランスファーカーブ例

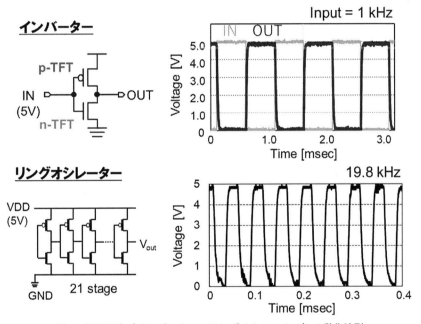

図4　論理回路（インバーター，リングオシレーター）の動作波形

の安定化を実現可能な新規材料を見出した。

　その新規材料を用いたN型トランジスタを大気下で保管した際のトランスファーカーブの経時変化を図3に示す。Y. H. Leeらの研究[4]を参考にした従来材料では短時間で特性が変化する一方，新規材料では1年以上のN型特性の保持に成功した。さらに，新規材料を適用した論理回路を大気下で動作させた結果を図4に示す。P型トランジスタとN型トランジスから構成されるインバーター，およびインバーターを複数段組み合わせたリングオシレーターにて，ともに数日後も安定した波形が得られ，大気下で安定に動作する塗布型論理回路の基本動作を確認した。

9.5 半導体デバイスの動作実証

これまで述べた塗布型材料は150℃以下の比較的低温での半導体製造プロセスにおいてもその高い性能を実現できるため，フレキシブルなフィルム（例えば，汎用 PET（Poly Ethylene Terephthalate）フィルム）上に様々な要素回路，デバイスを形成できる。東レでは，その用途展開先として，920 MHz の UHF 帯無線を用いた RFID や，13.56 MHz の HF（High Frequency）帯無線を用いた排尿検知センサーの実現へ向けた取り組みを進めている。

UHF 帯無線を用いた RFID システムは，最大 10 m 程度の長距離通信や複数の RFID の一括読み取りなどの特徴を有しているため，物流や小売りの効率化に向けた活用が強く期待されている。しかしながら，現在のシリコン半導体を用いた RFID では，そのコストの問題からアパレルを中心とした比較的高価格帯の商品への適用のみで，一般的な商品への普及が進んでいない。東レでは，この問題への解決策として半導体 CNT 複合体を中心とした塗布型材料による安価な RFID の実現を目指している。

図5は，これまでに述べた，半導体 CNT 複合体，N 型トランジスタ，塗布型絶縁材料・導電材料を用いて，フォトリソグラフィーを中心とする微細加工技術により，PET フィルム上に試作した塗布型 RFID である。

本 RFID は 24 bit のメモリを搭載し，自ら電源を持たず，リーダー（読み取り機）からの電波により電力を生成し，またその電波の反射を制御することでバックスキャッタ通信を行うパッシブ型の RFID である。なお，メモリは製造時にそのデータを記憶する ROM（Read Only Memory）方式を採用している。図6は，RFID とリーダーとの間の通信を示した模式図と，その無線通信の読み出し波形である。24 bit のデータを RZ（Return Zero）符号化により通信しており，設計通りの無線通信結果になっていることを確認した。この結果は，塗布型半導体デバイスとして初めて，UHF 帯電波での無線通信に成功した事例である。

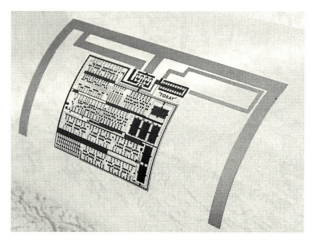

図5　PET フィルム上に形成した塗布型 RFID 試作品

第3章　機能と応用

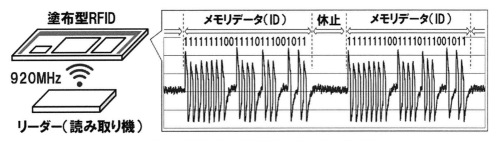

図6　塗布型RFIDの無線動作実証の模式図と通信波形

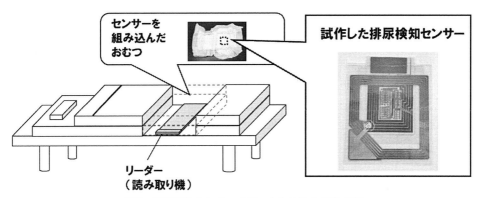

図7　排尿検知センサーを用いたシステムの模式図

　また，東レでは，フレキシブルなフィルム上に安価な半導体デバイスを作製できるメリットを活かし，おむつ内の排尿の有無を検知し，HF帯無線で検知結果をリーダーに送信可能な排尿検知センサーの開発も進めている。

　超高齢化社会の到来により，介護の重要性は今後ますます高まると見込まれるが，介護現場における排泄関連の負担は非常に大きい。本技術の適用により作製された排尿検知センサーは，そのやわらかさと使い捨て可能な構成および価格により，あらかじめおむつに組み込むことができ，介護者は現場で特別な作業もなく，通常のおむつと同様に使用，廃棄することができる。そして，介護者の負担を増加させることなく，排尿の検知が可能になり，おむつ交換タイミングの最適化を実現できる。その結果，無駄なおむつ交換による資源の浪費や介護者の負担を低減し，要介護者のQOL（Quality Of Life）の向上にも繋げることができる。図7に排尿検知センサーを用いたシステム構成の模式図を示す。本試作品を用いて，実際の介護現場での排尿検知動作の基本動作確認を完了しており，今後製品化へ向けた開発を加速させる予定である。

9.6　おわりに

　これまでに述べたRFIDや排尿検知センサーなどの塗布型半導体デバイスは，製造技術として省エネルギーで高い生産性を有する連続塗布プロセスであるロール・トゥー・ロール（R2R）

プロセスを適用できるため，大量のデバイスを安価に製造することが可能である。そして，今回開発した新しい塗布型半導体デバイス技術は，これまでに述べた RFID や排尿検知デバイスの他，体の状態や動きをリアルタイムで検知するウェアラブルセンサや設備の異常検知，食品の鮮度管理など，幅広い用途への展開が可能であり，小売り・物流分野での労働力不足解消や医療・介護の負担軽減，安全・安心の提供など様々な社会課題解決への貢献が期待される。東レでは，従来のシリコン半導体製造技術とは異なる，カーボンナノチューブという日本発の新しい材料を用いた半導体デバイスを創出することで，日本の産業の発展に寄与することを目指し，本技術のさらなる深化および実用化に引き続き取り組んでいく。

文　　　献

1) A. F. Paterson *et al.*, *Adv. Mater.*, **30**, 1801079 (2018)
2) S. Kumagai *et al.*, *Applied Physics Express*, **15**, 030101 (2022)
3) Y. Ohno *et al.*, *Jpn. J. Appl. Phys.*, **53**, 05FD01 (2014)
4) Y. H. Lee *et al.*, *J. Am. Chem. Soc.*, **131**, 327-331 (2009)

10 カーボンナノチューブとその細孔内に制約された水溶液との界面に形成される強酸性吸着層

大久保貴広[*]

10.1 はじめに

　カーボンナノチューブ（CNT）を実用に資する材料とするためには未だ解決すべき課題を多く抱えている。一方，化学的に均一な円筒状空間を有する CNT は基礎研究の面からその魅力が色褪せることはなく，モデル材料としてのゆるぎない地位を占めている。例えば，分子やイオンの分離，貯蔵，精製を目的とした吸着材に関する基礎研究において，CNT の円筒状内部空間をモデル細孔として検討を進めることも多い[1,2]。これまでに筆者らは，臭化ルビジウム（RbBr）水溶液中から各イオンが炭素細孔内に吸着する際，脱溶媒和を伴いながら吸着することを見出すと共に[3,4]，d ブロック元素である亜鉛[5,6]，銅[7]，およびコバルト[8]を含む化合物が炭素細孔内に閉じ込められた場合に特徴的な歪み構造を形成したり，単層 CNT（SWCNT）の円筒状細孔内に吸着した酢酸銅が水の共存下で可視光による光還元反応を示し，亜酸化銅が自発的に生成したりすることなどを見出してきた[9]。脱溶媒した吸着イオン種の特徴は分子シミュレーションによっても検討されると共に[10,11]，水以外の溶媒でも起こり得る[12]普遍性を備えた現象であることがわかった。このように，水和イオンや金属錯体がそれらと同程度のサイズを有する空間に閉じ込められると，バルク中では決して見出すことのできない物性や化学反応を誘起できることを示してきた。一連の研究を通じ，①水溶液中の金属イオン（カチオン）よりもハロゲン化物イオン（アニオン）を過剰に吸着する現象があること，②イオン吸着前の水溶液の pH が中性付近であるにも関わらず，吸着平衡後の水溶液が塩基性になることを掴んでいた。細孔内でのイオンの電荷バランスを考えるとこれらの現象は表裏一体のものと想定していたが，長年にわたりその理由を明らかにすることができなかった。ところが，SWCNT の円筒状細孔をモデル細孔とした研究を通じて内部空間の表面近傍に水由来の強酸性吸着層を形成するプロセスを伴っていることがわかってきた。本節では，SWCNT の細孔内で形成される強酸性吸着層に関連した研究成果をまとめ，SWCNT に代表される炭素材料による液相吸着に関する新規概念の必要性について述べる。

10.2 カーボンナノチューブに対するイオンの吸着

　本節の主題である CNT 細孔内で形成される強酸性吸着層に関する知見の前に，その発見に至るきっかけとなった水溶液から CNT へのイオンの特異吸着現象について簡便に記す。イオンの吸着分離材は，水の精製等の目的で重要な役割を担う。炭素材料を使う最大の利点は，イオンの

＊　Takahiro OHKUBO　岡山大学　学術研究院　環境生命自然科学学域（理）　教授

吸着が物理吸着により進行する点である。例えば，イオン交換樹脂やゼオライトなどはイオン交換サイトを豊富にもち，水中のイオンを低濃度から除去できる。一方，炭素材料では，可逆的な吸着現象を利用するため（実際には表面に一定の割合で存在する酸性表面官能基によるイオン交換過程も存在する），吸着材の再生が容易で繰り返しの利用に適している。

　筆者らは当初，活性炭のミクロ孔（細孔サイズ 2 nm 以下）内に吸着した Rb^+ と Br^- の水和構造を X 線吸収微細構造（XAFS）スペクトル等から解明し，特徴的な脱水和構造を形成することを報告した[3,4]。XAFS は元素選択的な解析を得意とするが故に，カチオン種とアニオン種とを独立に議論することが多かったが，表面官能基を極限的に減らした SWCNT を用いて RbBr 水溶液中からそれぞれのイオンを吸着させると，Br^- の吸着量が Rb^+ の吸着量よりも圧倒的に多い（少なくとも数倍，多い場合には 100 倍程度）ことを見出した[13]。一般に，イオン間の電荷バランスは如何なる場合でも維持されることが大前提であり，細孔内においても電解質のカチオンとアニオンの比がバルク中と変わらないと思い込んでいたため，発見時はその異常性に驚いた。種々検討した結果，吸着平衡後の水溶液が塩基性になっていることを pH 変化から捉えることができた。この時点で，水溶液中のプロトン種が SWCNT の細孔内に吸着することで細孔内での電荷バランスを維持しているのではないかと考えた。実際，非プロトン性の溶媒であるジメチルスルホキシドを用いると，Rb^+ と Br^- の吸着モル比が 1：1 になることから，プロトンがアニオン種の特異な吸着を引き起こしているとの結論に至った。

　しかしながら，中性付近の水溶液中のプロトンは 10^{-6} から 10^{-7} mol/L 程度の極めて低濃度な状態である。RbBr 水溶液中に存在する Rb^+ と Br^- の初期濃度は 0.5〜1 mol/L のオーダーであり，SWCNT の細孔外の水溶液からプロトンが特異的に吸着するためには何らかの強力な相互作用を仮定しない限りモデルの正当性を主張できない。アニオン種の過剰な吸着，および吸着平衡後の水溶液の液性変化の理由を更に追究するため，まず，SWCNT 細孔内が本当に酸性状態なのか，という課題解決に向けた検討を実施した。

10.3　カーボンナノチューブの円筒状細孔内で自発的に形成されるポリヨウ化物イオン[14]

　ハロゲン化物イオンは単原子アニオン種であるため，細孔内での水和構造などを比較的捉えやすい。しかし，ヨウ化物イオン（I^-）に限ってはポリヨウ化物イオン（I_n^-）を比較的容易に形成するため，試料の環境に注意を払わなければ実験結果が複雑になる可能性がある。特に，I^- を含む酸性水溶液（概ね pH＜3 程度）に光が照射されると酸化反応が進み，I_n^- の生成が促進される[15]。筆者らは I^- が酸性条件下でポリヨウ化物イオンを生成しやすい点を利用し，SWCNT の円筒状細孔内の I^- を含む水溶液の液性を議論できるのではないかと考えた。即ち，暗所下で SWCNT に I^- を吸着した試料に光照射を施すことで I_n^- の生成を確認できれば，円筒状細孔内が酸性雰囲気であると結論付けることができると考えた。

　本研究では平均直径 1.2 nm の SWCNT（名城ナノカーボン社製 EC1.5）を用いた。予め適切な酸化処理を行うことで SWCNT に開口を賦与すると共に，Ar 気流下で焼成（900℃）するこ

160

第 3 章　機能と応用

とで表面官能基を極限まで減らした材料を得た。初期濃度 0.5 M のヨウ化セシウム（CsI）水溶液中に先の SWCNT を分散させ，24 時間以上かけて電解質を吸着させた後にろ過，乾燥させた試料を得た。以後，この試料を CsI-SWCNT と記す。CsI 水溶液から電解質を吸着させて乾燥させるまでのプロセス全てを外部から光が照射されないように工夫しながら調製した。このようにして得た試料，および CsI 水溶液，粉末状の CsI および CsI$_3$ 結晶それぞれの I の L_1 吸収端に関する X 線吸収端近傍構造（X-ray absorption near edge structure; XANES）スペクトルを図 1 に示す。暗所下にて測定した CsI-SWCNT のスペクトルは CsI 水溶液のスペクトルと似ており，I$^-$ の状態で吸着していることを確認できた。一方，CsI-SWCNT にキセノンランプで積極的に光照射を施した試料のスペクトルは CsI$_3$ 結晶のスペクトルに近い形状となった。特に，5185 eV

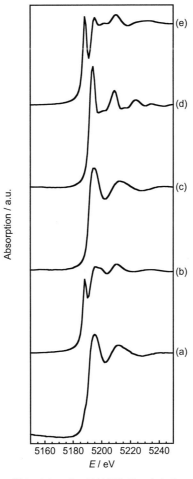

図 1　I L_1-edge XANES スペクトル
(a) 暗所下で調製した CsI-SWCNT，(b) (a) に光照射（1 時間）後の試料，(c) CsI 水溶液，
(d) CsI 粉末結晶，(e) CsI$_3$ 粉末結晶
（文献 14）より許可を得て転載 Copyright（2022）Oxford University Press）

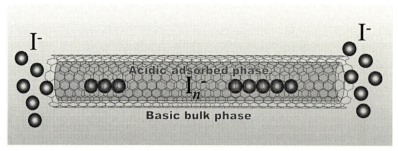

図2 SWCNT 細孔内に形成される酸性雰囲気およびポリヨウ化物イオンのイメージ
（文献14）より許可を得て転載 Copyright（2022）Oxford University Press）

付近の吸収バンドは I⁻ 種のみを含む試料では見られないのが特徴で，このことから光照射後に I_3^- に帰属できるポリヨウ化物イオンが生成していることを確認することができた。先にも述べたとおり，I⁻ から I_n^- が生成する際には光と酸性条件の2つが不可欠であることから，SWCNT の円筒状細孔内が酸性条件であることを示した結果であると言える。

以上の結果を図2に模式的に示す。SWCNT の円筒状細孔内が酸性であるが故に I_n^- 種が生成した一方で，吸着平衡後の水溶液は塩基性を示した。即ち，吸着平衡後の SWCNT が分散した CsI 水溶液は全体としては塩基性である一方で，水溶液と共存する SWCNT の細孔内は酸性という極めて信じ難い現象が起きていることを発見した。SWCNT の細孔内は外部の水溶液により中和されることなく安定な酸性状態が維持されていることを示しており，このような酸性状態がどのようなプロセスを経て形成されるのか，何故，中和されることなく維持できるのかという点に焦点を絞り，更に検討を進めることにした。

10.4 カーボンナノチューブ細孔内で水が形成する強酸性吸着層の特徴と形成メカニズム[16]

ここまでで，電解質が溶媒の水と共に SWCNT 細孔内に吸着すると，細孔内が酸性条件になるところまでが明らかとなった。このような酸性の吸着状態が何故生じるのかという点を解明することになったが，実はこの疑問を解決に導いたのは SWCNT の電子状態を反映したスペクトルであった。以下，その詳細について述べる。

ここでの研究では平均細孔サイズ 1.7 nm の SWCNT（名城ナノカーボン社製 EC2.0）を用いた。先の研究と同様に開口処理と表面官能基除去処理を行い，0.5 M に調整したアルカリ金属硝酸塩（$LiNO_3$，$NaNO_3$，$RbNO_3$，$CsNO_3$）水溶液をそれぞれ含む水溶液中に 50 mg ずつの SWCNT を分散させ，各電解質を吸着させた試料を得た。以後，各試料を xNO$_3$-SWCNT と記す（x = Li, Na, Rb, または Cs）。

まず，それぞれの金属イオン，硝酸イオン，およびプロトンの吸着量を図3に示す。この図で注目して欲しい点は主に2つある。1つは異なる金属イオンを用いた場合でも金属イオンとプロトンの SWCNT 単位質量あたりの吸着総モル数は硝酸イオンの吸着量と一致し，SWCNT 細孔

第 3 章　機能と応用

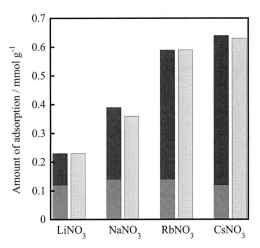

図 3　SWCNT に対する各電解質の吸着量
各電解質に対して，左側にカチオン種，右側に硝酸イオンの吸着量を示している。カチオン種は
上下に分かれているが，上段が金属イオン，下段がプロトンの吸着量をそれぞれ示している。
(文献 16) より許可を得て転載 Copyright (2023) Elsevier Inc.)

内で電荷バランスが保たれていることがわかる。もう 1 つは，カチオン種の吸着量に注目すると，金属イオンの吸着量はモル質量の増加に伴い多くなっているが，プロトンの吸着量は金属イオンの吸着量とは無関係で全て一定の値を維持している点である。金属イオンの吸着量の違いは分散力に基づく相互作用の違いであると考えられる。即ち，金属イオンのイオン半径が大きくなることに伴い SWCNT 細孔壁との相互作用が大きくなっていることと対応している。一方，プロトンの吸着量が金属イオンの種類に無関係なのも SWCNT 細孔壁とプロトンとが直接相互作用していることを裏付けている結果であると言える。液体窒素温度での窒素吸着等温線の解析から得られる SWCNT の細孔容量とプロトンの吸着モル数とから細孔内でのプロトン吸着密度を算出し，実効的な pH を計算した結果，約 0.35 という値が得られた。このことは，細孔内が極度に酸性に傾いた状況であることを示している。ただし，中性付近のバルク水溶液中のプロトン濃度は極めて低く，通常の吸着現象とは考えにくいため，更に解析を進めることにした。

次に，SWCNT および $CsNO_3$-SWCNT のラマンスペクトルを図 4 に示す。図 4(a) を見ると，相違点の 1 つとして，1630 cm^{-1} のいわゆる G バンドが $CsNO_3$ 水溶液の吸着により低波数領域に幅広なバンドをもつようになり，非対称性が増加しているという点である。このことを明瞭に示したのが図 4(b) である。非対称なバンドを 2 種類の成分に分けて解析を行った。その結果，高波数領域のバンド（G$^+$ バンド）は $CsNO_3$ 水溶液の吸着に伴う影響が認められなかった一方で，低波数領域の非対称なバンド（G$^-$ バンド）は極大値の位置が低波数側にシフトすると共に非対称性が増加していることがわかる。G$^-$ バンドは SWCNT の円周方向の振動モードに対応しており，金属 SWCNT の場合，電子供与性の種が吸着することで低波数シフトとバンドの非対称性が増加することが報告されている[17]。即ち，$CsNO_3$ 水溶液が SWCNT の円筒状細孔内に吸着す

163

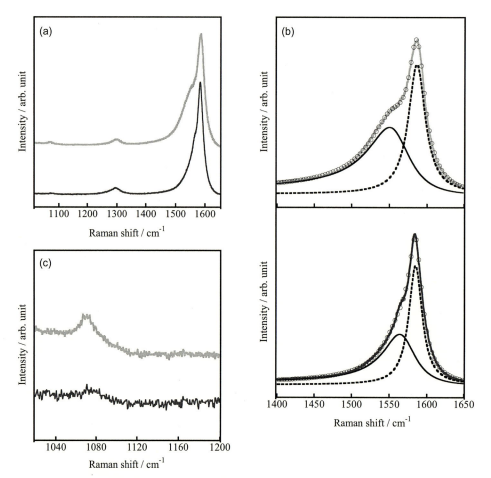

図4 SWCNT および CsNO₃-SWCNT のラマンスペクトル（励起波長：785 nm）
(a) 1000〜1650 cm^{-1} の範囲のスペクトル，(b) G バンド付近を拡大したスペクトル，(c) 1020〜1200 cm^{-1} の範囲を拡大したスペクトル。それぞれ下が SWCNT，上が CsNO₃-SWCNT のデータ。
（文献 16）より許可を得て転載 Copyright (2023) Elsevier Inc.）

ることで，SWCNT にわずかに電子が供与される現象が起こっていることになる。吸着種の中で電子を供与できる可能性があるのは，アニオンである硝酸イオンと水分子のいずれかである。ここで，SWCNT 細孔内部の表面は π 電子を有しているため負電荷を有する硝酸イオンが細孔表面に近づいて電子を供与することは考えにくい。即ち，水分子の非共有電子対の一部が SWCNT 側へ供与されている可能性が高いとの結論に至った。水分子の酸素原子近傍から電子の一部が供与されると酸素原子を取り巻く環境が若干正（δ+）に傾くことになる。酸素原子が δ+ となることで吸着した水分子由来のプロトンが増加するとの推測は十分に合理的である。よって，細孔内に存在するプロトン種は SWCNT の細孔外から吸着したものではなく，細孔内に拡散した水分子が SWCNT 表面と相互作用した結果生じたものであるとの結論に至った。

第3章　機能と応用

　細孔内で水の自己イオン化が促進されることで，H^+とOH^-が生じやすくなる。次に，OH^-と細孔外部に存在する硝酸イオンのどちらがSWCNTの細孔内で安定に存在し得るかを考えると，イオン半径の違いから硝酸イオンの方が安定であると考えられる。即ち，細孔内に生じたOH^-は細孔外に脱離し，細孔外の硝酸イオンは電荷バランスを保つために細孔内に拡散することになる。このことが，吸着平衡後の水溶液が塩基性を示すことに繋がったと結論付けた。

　図4に戻ると実はもう1点，特筆すべき点がある。図4(a)を見ると，$CsNO_3$-SWCNTには1070 cm^{-1}付近に小さなバンドが出現していることがわかる。このバンド領域を拡大したものを図4(c)に示す。この領域は硝酸イオンのN-O対称伸縮（ν_1）バンドに帰属できる。しかし，バルクの水溶液のν_1バンドが1050 cm^{-1}付近に観測されることから[18]，バルク水溶液中の硝酸イオンと比較して約20 cm^{-1}も高波数シフトしていることになる。硝酸イオンのν_1バンドの高波数シフトは高圧下の水溶液に観測されており[19]，仮に圧力に換算すると約7 GPaの高圧下の硝酸イオンに類似した環境がSWCNT細孔内に形成されていることになる。これまでに，固体細孔内に吸着した種が「擬高圧状態」であることを示す実験や理論の結果が幾つも報告されている[20,21]。擬高圧状態に加えて，プロトンがSWCNTの細孔表面に局在化している可能性を考慮すると，細孔内の硝酸イオンは細孔による閉じ込め効果に加えてSWCNT表面近傍の酸性吸着層の双方の影響により極度に運動が制限された状態に置かれている可能性が高いことがわかった。

　図5にまとめたとおり，SWCNTを用いることで，強酸性吸着層の存在とその形成過程の解明，並びに吸着したアニオン種の状況をまとめて解析することに成功した。炭素材料にイオンが

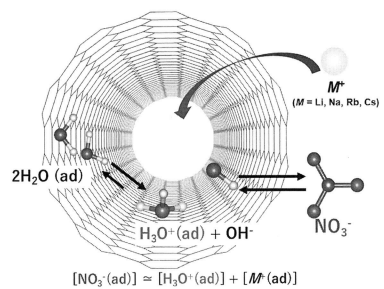

図5　SWCNT細孔内で強酸性吸着層が形成されるメカニズム
（文献16）より許可を得て転載 Copyright (2023) Elsevier Inc.）

吸着する際，カチオンとアニオンとのモル比はバルク中と同じであると安易に仮定され，イオンの吸着状態に着目した研究が皆無であった。これまで，SWCNT の細孔内に吸着した水が特異な振る舞いを示す事例は数多く報告されているにも関わらず，イオン種の状態には全く目が向けられて来なかった。SWCNT を用いて細孔内のイオン種に関する基本的な知見を蓄積することで，イオンの吸着分離に最適な材料の開発にも繋がると期待できる。

10.5 おわりに

本節では，SWCNT を吸着材として用いることにより発見に至った炭素細孔内に特異的に形成される強酸性吸着層，並びにアニオン種の特異な吸着状態に関して概説した。特に，炭素細孔壁近傍に形成される強酸性吸着層はこれまでに見られない基本的且つ重要な概念であり，液相からのイオン分離等の分野で考慮されるべき基礎的な概念である。SWCNT を基礎研究で用いる価値は未だ衰えておらず，応用利用を見据えつつも基礎研究の発展に貢献し得る材料であることは確かである。

文　　　献

1)　D. Minami, T. Ohkubo, Y. Kuroda, K. Sakai, H. Sakai, and M. Abe, *Int. J. Hydrog. Energy*, **35**, 12398 (2010)

2)　M. Nishi, T. Ohkubo, K. Urita, I. Moriguchi, and Y. Kuroda, *Langmuir*, **32**, 1058 (2016)

3)　T. Ohkubo, T. Konishi, Y. Hattori, H. Kanoh, T. Fujikawa, and K. Kaneko, *J. Am. Chem Soc.*, **124**, 11860 (2002)

4)　T. Ohkubo, Y. Hattori, H. Kanoh, T. Konishi, T. Fujikawa, and K. Kaneko, *J. Phys. Chem. B*, **107**, 13616-13622 (2003)

5)　T. Ohkubo, M. Nishi, and Y. Kuroda, *J. Phys. Chem. C*, **115**, 14954 (2011)

6)　M. Nishi, T. Ohkubo, K. Tsurusaki, A. Itadani, B. Ahmmad, K. Urita, I. Moriguchi, S. Kittaka, and Y. Kuroda, *Nanoscale*, **5**, 2080 (2013)

7)　T. Ohkubo, Y. Takehara, and Y. Kuroda, *Micropor. Mesopor. Mater.*, **154**, 82 (2012)

8)　B. Ahmmad, M. Nishi, F, Hirose, T. Ohkubo, and Y. Kuroda, *Phys. Chem. Chem. Phys.*, **15**, 8264 (2013)

9)　T. Ohkubo, M. Ushio, K. Urita, I. Moriguchi, B. Ahmmad, A. Itadani, and Y. Kuroda, *J. Colloid Interface Sci.*, **421**, 165 (2014)

10)　T. Ohba, N. Kojima, H. Kanoh, and K Kaneko, *J. Phys. Chem. C*, **113**, 12622 (2009)

11)　K. A. Phillips, J. C. Palmer, and K. E. Gubbins, *Mol. Sim.*, **38**, 1209 (2012)

12)　A. Tanaka, T. Iiyama, T. Ohba, S. Ozeki, K. Urita, T. Fujimori, H. Kanoh, and K. Kaneko, *J. Am. Chem. Soc.*, **132**, 2112 (2010)

第3章　機能と応用

13) M. Nishi, T. Ohkubo, M. Yamasaki, H. Takagi, and Y. Kuroda, *J. Colloid Interface Sci.*, **508**, 415 (2017)

14) T. Ohkubo, Y. Hirano, H. Nakayasu, and Y. Kuroda, *Chem. Lett.*, **51**, 971 (2022)

15) T. Rigg and J. Weiss, *J. Chem. Soc.*, 4198 (1952)

16) T. Ohkubo, H. Nakayasu, Y. Takeuchi, N. Takeyasu, and Y. Kuroda, *J. Colloid Interface Sci.*, **629**, 238 (2023)

17) H.-J. Shin, S. M. Kim, S.-M. Yoon, A. Benayad, K. K. Kim, S. J. Kim, H. K. Park, J.-Y. Choi, and Y. H. Lee, *J. Am. Chem. Soc.* **130**, 2062 (2008)

18) A. Ruas, P. Pochon, J. P. Simonin, and P. Moisy, *Dalton Trans.*, **39**, 10148 (2010)

19) H. Lucas and J. P. Petitet, *J. Phys. Chem. A*, **103**, 8952 (1999)

20) K. Urita, Y. Shiga, T. Fujimori, T. Iiyama, Y. Hattori, H. Kanoh, T. Ohba, H. Tanaka, M. Yudasaka, S. Iijima, I. Moriguchi, F. Okino, M. Endo, and K. Kaneko, *J. Am. Chem. Soc.*, **133**, 10344 (2011)

21) T. Fujimori, A. Morelos-Gomez, Z. Zhu, H. Muramatsu, R. Futamura, K. Urita, M. Terrones, T. Hayashi, M. Endo, S. Y. Hong, Y. C. Choi, D. Tomanek, and K. Kaneko, *Nat. Commun.*, **4**, 2162 (2013)

11 身近な材料とカーボンナノチューブを組み合わせた複合材料とその応用展開

大矢剛嗣[*]

11.1 はじめに

近年のナノテクノロジーの発展に伴い，ナノスケールの材料や素子が作製可能となり，産業用途から日用品まで様々なところに利活用され始めている。ナノテクノロジー関係の研究の中でも，本稿で注目するナノカーボン材料（フラーレン，グラフェン，カーボンナノチューブ（carbon nanotube：CNT））に関連する研究は，その作製・成長技術から応用展開まで，その研究対象は多岐にわたる。例えば，電子デバイスはもちろんのこと，自動車や環境といった多くの応用領域へと展開が模索されている。特に，1991年に発見されたCNT[1]は，その独特な構造から電気的特性が金属的にも半導体的にもなるほか，化学的な安定性も高く，機械的強度も高いなどといった様々な特徴を持つため今日に至るまで非常に高い注目を集めており，その製造方法から応用展開に至るまで研究・開発が日々進められている。最近は，国内外問わずCNTを製造するメーカーが増えてきており，色々な種類のCNTを調達することが容易になってきた。つまり，CNTの製造ラインを有していない企業や研究機関であってもCNTの応用開拓に参入しやすい状況になっているといえる。一方で，一般的なCNTは直径が数nm（単層CNTの場合），長さが数μm程度と（最近の研究報告では50 cm超のCNTが作製できた[2]というものもあるが）非常に小さな物質であり，上述のメーカーから購入可能なほとんどの市販品は粉末状または水分散液の状態であることから，いざ何らかの応用開拓をしようと考えると，その取扱いの難しさがネックとなり，応用展開の軌道に乗せにくい。この問題の解決策の一つとして，CNTをほかの材料と合わせて「CNT複合材料」として取り扱う方法がある。

著者らはこれまでに，CNTが有する様々な特徴を「身近な物」として容易に扱うことができる「CNT複合紙[3]」や「CNT複合糸[4]」などを開発してきている。CNT複合紙は，端的には紙とCNTとの複合材料であり，後述のように日本古来の和紙作製技術を参考にすることで非常に簡単に作製できる。CNTの数ある機能を継承しつつ紙と同様の加工性や変形自在性があることなどから，一風変わった新材料として注目を集めている。また，CNT複合紙に関して既に様々な応用検討が進んでいる。例えば，CNTの高い導電性を生かした導電紙が報告されており[3,5]，金属に代わるような新たな導電材料として期待される。同様にCNTの半導体性を生かすことで半導体紙も実現でき，導電紙との組み合わせで後述のように多くの応用展開を可能とする。次に，CNT複合糸は糸とCNTとの複合材料であり，上述の複合紙と同様に大変簡単に作製でき，

---

[*]　Takahide OYA　横浜国立大学　大学院工学研究院；総合学術高等研究院
　　　　　半導体・量子集積エレクトロニクス研究センター　准教授

第3章　機能と応用

CNT の機能を身近な糸として扱うことを可能とする。こちらについても様々な応用検討が進んでおり，例えば，CNT の持つ半導体的性質や金属的性質をうまく（糸として）組み合わせることにより，後述のように「糸トランジスタ[4]」や「熱電発電糸[6]」などの実現可能性を見出している。

　本節では，上述の CNT 複合紙および CNT 複合糸について，その作製手法や特徴，さらには応用例をいくつか紹介する。

11.2　カーボンナノチューブ複合紙

　上述の通り，CNT は数多くの機能を有し，様々な応用展開が期待されている[7]。世界的に CNT のメーカーも充実してきているため，調達も容易になってきている。一方で，製品としての CNT は粉末状か，水分散液状であるため，応用展開のためには工夫が必要となる。その「工夫」の一つの解が，CNT をほかの材料と複合することで得られる「複合材料」をつくることである。複合材料とすることで，扱いが容易となり，また CNT の機能もその形状で利活用が可能となる。著者らもそのような流れの中で，CNT と身近な材料である紙とのユニークな複合材料である「CNT 複合紙」を開発・提案している[3]。CNT 複合紙はその名の通り CNT と紙との複合材料であり，紙でありながら CNT の機能を利活用できる。つまり，「生活用品」として CNT を利用できるようになるという可能性を持つ材料といえる。ほかの研究グループ・機関でも CNT 複合紙（もしくは CNT とセルロースからなる複合材料）の研究開発が進んでおり[5,8]，今後産業化が大いに期待できる。本 CNT 複合紙は，2014 年 11 月にユネスコ無形文化遺産にも登録された日本古来の和紙作製技術（紙漉き技術）[9]に学んだ手法により作製できる。日本に和紙文化が古くからあり「紙づくり」が身近にあったからこそ CNT 複合紙が生まれたとも言える。さて，本節で紹介する CNT 複合紙は，簡単には以下のような手順で作製する（図1）[3,10]。

① 　パルプ（紙原料）を水と共に撹拌することでパルプ分散液を用意

② 　CNT と分散剤を純水に入れ，超音波分散をすることで CNT 水分散液を用意（市販の CNT 水分散液も利用可能）

③ 　①と②を混合

④ 　③の混合分散液をトレイに注ぎ，網で CNT を含んだ紙繊維をすくいあげる

⑤ 　成形・乾燥

実際に作製した CNT 複合紙の写真を図2に示す。

　これまでの研究により，この CNT 複合紙が紙でありながら電気伝導性を有すること（導電紙）[3]（図3），発熱体となり得ること（面状発熱紙）[11]，電磁波シールド特性を有すること（電磁波シールド紙）[5,12]，トランジスタとして動作可能であること（ペーパートランジスタ）[13]，太陽電池として動作可能であること（色素増感太陽電池紙）[14]，熱電発電（熱電変換）素子として動作可能であること（熱電発電紙）[10,15]，ソフトアクチュエータとして動作可能であること（ペーパーアクチュエータ）[16]，高度な認証を実行可能であること（人工物メトリクス認証の鍵）[17,18]な

169

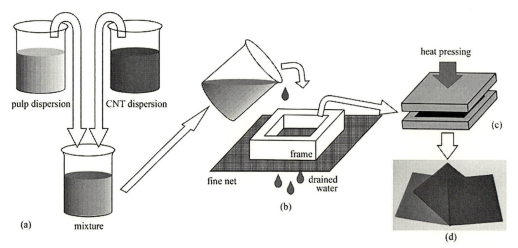

図1 カーボンナノチューブ複合紙作製手法
(a) パルプ分散液，CNT 分散液を用意し混ぜる。(b) 紙漉きにて脱水し，CNT が付着したパルプ繊維をシート状にする。(c) 熱プレスなどにより乾燥・成形。(d) CNT 複合紙の完成。
(From Ref.[10] under License CC BY 4.0.)

図2 カーボンナノチューブ複合紙
（色合いの違いは紙中の CNT 含有量の違いによる）

どを確かめている。複合紙に含有させる CNT の量はコントロールが可能であり，例えば導電性については，数 Ω/sq. からほぼ絶縁体の状態のものまで作製可能である。また，図2に示すサンプルの色合いからもわかるように含有 CNT 量のコントロールも可能である。使用する CNT の種類についても金属的なもの，半導体的なもの，単層／多層などに制限はなく，条件次第では最小単位と言えるフラーレンでも複合紙とすることが可能である。加えて紙側の繊維についても，いわゆるパルプのような天然繊維だけではなく，無機繊維等も使用可能である。

それぞれの研究の進展に伴って図4に示すような幅広い応用展開が可能であることを明らかにしてきた[19]。本節では具体的な応用例として，紙面の都合により熱電発電紙[10,15]についてのみ紹

第3章　機能と応用

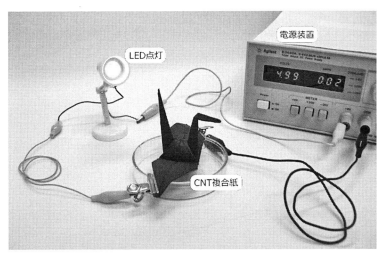

図3　カーボンナノチューブ複合紙の導電デモンストレーション

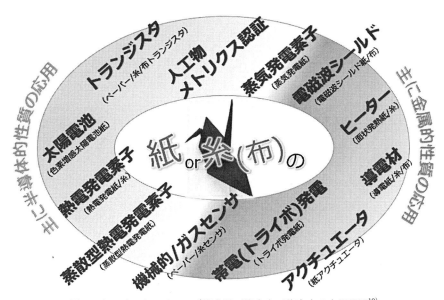

図4　カーボンナノチューブ複合紙／複合糸／複合布の応用展開[19]

介する（そのほかの応用例については，例えば著者の運営する研究室ホームページなどを参照されたい[20]）。熱電発電はゼーベック効果を利用し，熱エネルギーを電気エネルギーに変換する発電方法である。これは，物体に対して温度差を与えた時，高温側でより多数のキャリアが発生し，高温側と低温側で電位差が生まれることを利用している。既存の熱電発電素子では，二種類の金属もしくは半導体を組み合わせ，接続点の部分に熱を与えることで電気エネルギーを得ている。ここで，近年CNTも高いゼーベック係数（単位温度あたりどれくらいの起電力が得られるかを示す係数）を示すことが明らかになった[21]。一般的に利用されているBi-Te系の熱電発電素子

171

カーボンナノチューブの研究開発と応用

が示すゼーベック係数が約 200 μV/K といわれているのに対し，報告された CNT のゼーベック係数が 170 μV/K ということを考えると，CNT は熱電発電分野でも魅力的な材料といえる。しかしながら，先述のように，CNT をそのまま使うのはなかなか骨が折れる。また，熱電発電をさせるにあたっては，その素子の物性として「高電気伝導度」と「低熱伝導度」があるのが望ましいが，CNT の場合はどちらの伝導度も高いことが知られる。つまり，熱電発電応用のために熱伝導度を低下させる工夫が必要となる。現に各研究機関で熱伝導度を下げ，熱電発電効率を上げる努力が日々続けられている。これに対して，CNT 複合紙は熱電発電応用について大変相性の良いものとなっていることが分かっている。つまり，CNT 複合紙の形にすることで，高電気伝導度と低熱伝導度が実現できる。魅力的なところは，紙形状のためフレキシブルな熱電発電素子となることはもちろん，特段難しい工夫をすることなく，上述の作製プロセスの通り「紙漉き」をすることによって簡単に高電気伝導度で低熱伝導度を持つ材料が得られるという点である。具体的な熱伝導度について，一般的に CNT は 1000 W/m・K 前後の熱伝導度を持つと言われているのに対し，本 CNT 複合紙の場合，おおよそ 1.5 W/m・K 程度まで熱伝導度を低減できる[10]。これは，CNT の熱伝導度の起源がフォノンであり，また複合相手の紙（パルプ繊維）がフォノンを吸収するような材料であったことが相乗効果的にうまく作用したためと考えている。実際の熱電発電性能については，まだ解決すべき点は残されているものの，熱起電力を十分確認できる程度のものは得られている（図 5）。さらには，最近の研究において，CNT 複合紙の熱電発電性能に加えて，紙の吸水性（毛細管現象）と吸われた水が蒸発するときの気化熱を利用することで，自発的に温度差を生み，それを熱電発電に利用できることを見出した（図 6）。これは熱電発電素子であるにもかかわらず，液体さえあれば熱源が不要というユニークなものである。

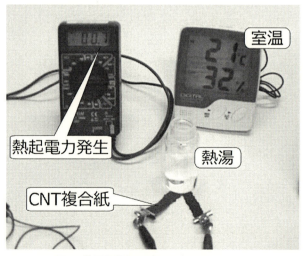

図 5 熱電発電紙のデモンストレーション
二種類の CNT 複合紙（短冊状）を用意し，連結部を高温にすることで室温との温度差により熱起電力が発生している。

第 3 章　機能と応用

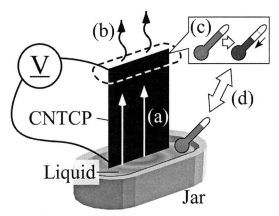

図 6　蒸散型熱電発電紙の動作原理
(a) CNT 複合紙（CNTCP）の一端を水に浸すことで水が吸いあげられる→(b) 水の蒸発→(c) 気化熱が発生し上端の温度が下がる→(d) 液面との間に温度差が生じ，結果として自発的に CNT 複合紙両端に温度差が付くこととなり，熱電発電が始まる。
(From Ref.[22] under License CC BY 4.0.)

　植物が蒸散時に自身の温度を下げるということを参考に，この熱電発電紙を"蒸散型熱電発電紙"と名付けた[22]。今後の性能向上により，最終的にはこれら紙の熱電発電素子が実用化され，我々の身近な所で使用されるようになると期待する。
　ここでは，CNT 複合紙の応用例として熱電発電紙について紹介したが，先述のようにこれ以外にも様々な応用展開が可能である（図 4）。それぞれの研究がより進展すれば，将来的には，例えば，従来通り印刷や筆記が可能な PPC 用紙が，実はトランジスタや熱電発電機能も有していて筆記以外に何らかの情報を処理・記憶などができる，もしくはふすま・障子・壁紙などがその風合いを保ちながら電磁波抑制機能やセンサ機能を持つなど，各用途の紙が，紙であるにもかかわらずこれまでには無い斬新な機能を持つ材料になっていることが期待できる。これら CNT 複合紙の実現・応用分野の展開は，電気材料や電子部品を，電機メーカーだけではなく，これまで縁遠かった製紙業者などでも作製できる可能性・インパクトがあるということもできる。紙であるがゆえに，様々な場所・状況での使用が可能となるため，いろいろな形での普及が実現すれば，これまで想像もしなかった社会が展開されていくだろうと，期待をしている。

11.3　カーボンナノチューブ複合糸

　前述のカーボンナノチューブ複合紙と同様，著者らは CNT と身近な材料である糸との斬新な複合材料である「CNT 複合糸」を開発・提案している[4]。こちらについては糸を経糸・緯糸として，布を織ることにより CNT 複合布も実現できる。CNT 複合糸は CNT と糸との複合材料であり，糸でありながら CNT の機能を利活用できる。CNT 複合糸の作製に当たっては，既存の（伝統的な）染色技術を参考にし，簡単には以下のような手順で作製する[4]。

173

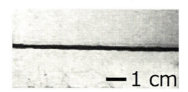

図7 カーボンナノチューブ複合糸

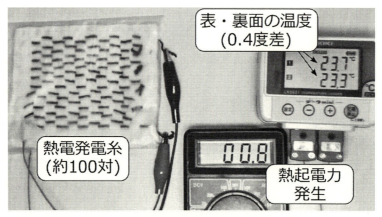

図8 熱電発電糸のデモンストレーション

一本の糸に二種類のCNTを定着させ，それを布に縫い込んだサンプルを用意（布の表・裏面にそれぞれ接続点が出るように縫込み．約100対の熱電発電糸を直列接続したのと同じ）．設置したテーブルの表面温度と室温とのわずかな温度差でも熱起電力を発生している．

① CNTと分散剤を純水に入れ，超音波照射をすることでCNT水分散液を用意（市販のCNT水分散液も利用可能）
② ①を染色液とし，糸（綿糸など）を浸し染色の要領で糸にCNTを定着させる
③ CNTを定着させた糸を染色液から取り出し乾燥させる
④ 必要に応じて②，③の工程を繰り返す（③の後に洗浄し，乾燥させる手順を加えるのも有効）

実際に作製したCNT複合糸の写真を図7に示す。

これまでの研究により，先述のCNT複合紙と同様に，このCNT複合糸が糸でありながら電気伝導性を有すること（導電糸），電磁波シールド特性を有すること（電磁波シールド布）[23]，トランジスタとして動作可能であること（糸トランジスタ，布トランジスタ）[4,24,25]，熱電発電（熱電変換）素子として動作可能であること（熱電発電糸）[6] などを確かめている（図4）。複合糸に含有させるCNTの量は染色液のCNT濃度調整によりコントロールが可能であり，例えば導電性については，CNT複合紙と同様に数Ω/sq.からほぼ絶縁体の状態のものまで作製可能である。

ここでは具体的な応用例として，前述の熱電発電紙と合わせて，熱電発電糸[6]について紹介する。熱電発電の詳細は先述の通りであるが，CNT複合紙と同様にCNT複合糸においても「高電気伝導度」と「低熱伝導度」が得られるため，熱電発電応用について大変相性の良い複合材料

第3章　機能と応用

といえる。上述の通り作製プロセスもシンプルで，出来上がる物も糸形状（もしくは布形状）であり，フレキシブルな熱電発電素子となるため，こちらも魅力的なものとなっている。実際の熱電発電性能については，こちらもまだ解決すべき点は残されているものの，熱起電力を十分確認できる程度のものは得られている（図8）。今後の性能向上により，最終的には糸や布の熱電発電素子が実用化され，我々の生活の中で活用されるようになると期待する。

11.4　おわりに

　ここでは，近年発展が目覚ましいナノテクノロジー研究分野で，研究が特に盛んなナノカーボン材料のうち CNT に着目した。CNT には多数の有用な機能があることが知られており，早期の産業応用が望まれている。著者らの研究グループでは身近な物として容易に使用できる「CNT複合紙[3]」や「CNT 複合糸[4]／複合布[23]」を開発しており，数多くの応用展開が出来ること，特に本節では「熱電発電紙[14,22]」と「熱電発電糸[6]」を紹介した。本研究の成果は，既存の材料と異なり，紙もしくは糸ならではの軽さ・扱いの容易さを持ちつつ，熱電発電性を持つ新たな機能材料の作製に成功したことを意味する。これはつまり，「柔軟な熱電発電素子」の実現可能性があるといえるほかに，例として「熱電発電機能付きコピー用紙」「熱電発電"壁紙"」「熱電発電"建具"（障子や襖など）」「熱電発電"服"」「熱電発電"カーテン"」などを生み出せる可能性もあることを意味する。同様に，ほかの CNT 複合紙／複合糸／複合布の応用についても「紙である」もしくは「糸・布である」という特徴を生かし，既存の物と比べて幅広い適用が可能であることを示している。未解明・未検証部分もまだまだ残されており，さらには各性能の向上についても求められているが，様々な応用が見込まれる CNT 複合紙／複合糸／複合布が，近い将来に実用化され，これからの社会に貢献することを大いに期待したい。

謝辞

　本研究を実施するにあたり，製紙の専門家の立場から有益なご議論およびご支援を頂いた三菱製紙㈱研究開発本部 研究開発企画部 富士開発室の方々，繊維の専門家の立場から貴重なご意見及びご支援頂いた群馬県繊維工業試験場 生産技術係の方々，熱電変換をはじめとして多くの研究のサポートを頂いた三菱マテリアル㈱新井皓也博士，および貴重なご意見を頂いた本学・荻野俊郎教授に感謝申し上げる。また，材料提供や測定などのサポートを頂いた㈱巴川コーポレーションの方々に感謝申し上げる。研究費サポートについて，JSPS 科研費・挑戦的な研究（萌芽）および若手研究（B），総務省 SCOPE，住友財団，日記・実吉奨学会，鷹野学術振興財団，岩谷直治記念財団に援助いただいた。この場を借りて感謝申し上げる。最後に，著者の運営する研究室所属の学生および卒業・修了生，特に CNT 複合紙および CNT 複合糸（布）関係の研究に尽力された方々に深謝する。

文　　　　献

1) S. Iijima, *Nature*, **354**, 56-58 (1991)

2) R. Zhang *et al.*, *ACS Nano*, **7**, 6156-6161 (2013)

3) T. Oya and T. Ogino, *Carbon*, **46**, 169-171 (2008)

4) M. Yoshida and T. Oya, *Advances in Science and Technology*, **95**, 38-43 (2014)

5) B. Fugetsu *et al.*, *Carbon*, **46**, 1256-1258 (2008)

6) R. Arakaki and T. Oya, *Japanese Journal of Applied Physics*, **58**, SDDD06 (5 pages) (2019)

7) 畠賢治, 産総研 TODAY, **11**(7), 3 (2011)

8) V. L. Pushparaj *et al.*, *Proceedings of The National Academy of Sciences-PNAS*, **104**, 13574-13577 (2007)

9) 例えば, 文化遺産データベース, https://bunka.nii.ac.jp/db/heritages/detail/288723 (2024 年 11 月 29 日閲覧)

10) A. Miyama and T. Oya, *Carbon Trends*, **7**, 100149 (7 pages) (2022)

11) 秋場誠ほか, 2013 年春季第 60 回応用物理学会学術講演会, 厚木, 29a-G12-6 (2013 年 3 月)

12) B. Li and T. Oya, *e-Journal of Surface Science and Nanotechnology*, **12**, 242-246 (2014)

13) Y. Hamana and T. Oya, *Advances in Science and Technology*, **95**, 32-37 (2014)

14) Y. Ogata *et al.*, *Energies*, **13**, 57 (13 pages) (2020)

15) K. Kawata and T. Oya, *Japanese Journal of Applied Physics*, **56**, 06GE10 (5 pages) (2017)

16) R. Toyomasu and T. Oya, *Journal of Composites Science*, **8**, 391 (14 pages) (2024)

17) 大矢剛嗣, 伊藤雅浩, 表面と真空, **61**, 209-214 (2018)

18) M. Akiba *et al.*, *e-Journal of Surface Science and Nanotechnology*, **12**, 368-372 (2014)

19) 横浜国立大学 大矢剛嗣研究室 展示資料, SEMICON JAPAN, 東京, #7663 (2024 年 12 月)

20) 横浜国立大学 大矢剛嗣研究室 研究紹介ページ, https://arrow.ynu.ac.jp/introduction.html

21) Y. Nakai *et al.*, *Applied Physics Express*, **7**, 025103 (4 pages) (2014)

22) Y. Kamekawa *et al.*, *Energies*, **16**, 8032 (12 pages) (2023)

23) 福田翔平ほか, 第 67 回応用物理学会春季学術講演会, 東京, 15a-A403-1 (2020 年 3 月)

24) H. Kodaira and T. Oya, *Journal of Composites Science*, **8**, 463 (14 pages) (2024)

25) 岩間雅大ほか, 第 82 回応用物理学会秋季学術講演会, 名古屋, 13a-N306-7 (2021 年 9 月)

12 有機修飾単層カーボンナノチューブ界面膜に対するバイオ分子の吸着固定化とその活性維持

中田遼真[*1], 藤森厚裕[*2]

12.1 序論

12.1.1 研究背景

分子機能の発現はその構造形成に由来し,分子組織体の構造形成はそこに働く協同的な分子間相互作用に由来する[1]。蛋白質[2]や酵素[3],糖鎖[4]などのバイオ分子は,洗浄[5],浄化[6],殺菌[7],発光[8],薬物送達[9]など多様な機能性を有し,実用化される例も多い[10]。こうした多岐にわたる機能性は,バイオ分子団の精妙な立体構造に由来するケースが多く[11],これを水素結合[12]や増強されたvan der Waals相互作用[13],π-π相互作用[14]などが支えている。従って,こうした分子機能は,温度やpH,湿度や大気暴露の影響を受け,変性し易い傾向にある[15~17]。

共役系の伸展や錯体形成により[18,19],電気的[20]・磁気的[21]・光学的[22]機能を有する一般的な有機分子の組織体が,無機材料表面をテンプレートして吸着する[23]ことで,酷環境下における機能維持を果たす例がある。かつて,クレイ表面に吸着した機能性分子団が,各種特性を増強させた研究が行われた[24~26]。また,無機材料表面に吸着した有機分子団が,その晶癖に従ってエピタキシャル成長を果たす例も存在する[27]。従って,バイオ分子団が無機材料表面に吸着固定化されることで,その機能維持特性を拡張できる可能性が期待できる(図1)。

12.1.2 研究目的

過去,炭化水素鎖修飾されたナノクレイ,およびスーパーグロースCVD法由来の単層カーボンナノチューブ(SWCNT)のLangmuir-Blodgett(LB)膜[28~31]に,下相水中から吸着したプロ

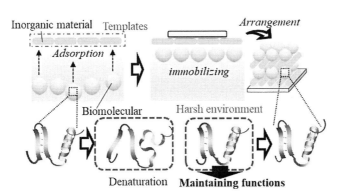

図1 研究背景:テンプレートに吸着した有機分子の配列と機能強化

[*1] Ryoma NAKADA 埼玉大学 大学院理工学研究科
[*2] Atsuhiro FUJIMORI 埼玉大学 大学院理工学研究科 准教授

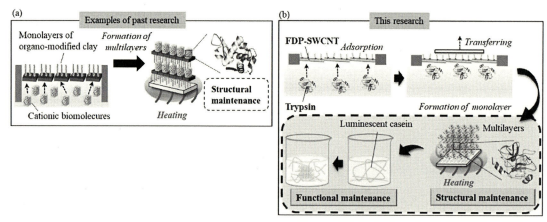

図2 研究戦略：(a)先行研究の成果，(b)テンプレート吸着による機能維持を実現した生体分子の二次構造変化の探究

テアーゼが，高温環境下に於いてもその活性を維持した研究例が存在する[32,33]。この時，吸着バイオ分子の構造変性は赤外（IR）スペクトルのみで予測された[34]（図2(a)）。

本研究では，疎水基としての能力の高いフッ化炭素鎖[35]を用いて表面を改質したフッ化炭素鎖修飾SWCNTを得た。また，安価ではあるものの鉄系不純物の存在とチューブ長の分布にデメリットが指摘される改良アーク放電法[36]由来のSWCNTを用いている。有機修飾反応を事前に施すことにより，不純物の除去や超音波処理によるチューブ長の均一化[37]が期待でき，修飾率が低くてもフッ化炭素鎖が疎水基としての能力を発揮できる。こうして得られたフッ化炭素鎖修飾SWCNTを界面単層膜の形成物質として活用し，それをテンプレートとして，下相水中からバイオ分子であるトリプシンの吸着・固定化を試みた。更に，得られたトリプシン吸着フッ素化SWCNT界面膜の高温環境下に於ける活性維持と二次構造維持を，発光カゼイン鎖切断能[38]と円偏光二色性（CD）スペクトル[39]によって行った（図2(b)）。

12.2 試料と実験方法

12.2.1 試料

実験に用いた改良アーク放電法由来のSWCNTsは，楠本化成㈱から提供されたOCSiAl社製TUBALL™であり，直径1.6±0.4 nm，長さ5 μmである（図3(a)）。有機修飾剤は，フッ素系ホスホン酸である，DOJINDO Laboratories製1H, 1H, 2H, 2H-perfluoro-n-decylphosphonic acid（略称FDPA）を用いた（図3(b)）。プロテアーゼとして，Thermo Scientific製ウシ膵臓由来のTrypsin（分子量23,800）を用いた（図3(c)）。このトリプシンは，リジンおよびアルギニン残基のカルボキシル基側のペプチド結合を特異的に加水分解するセリンプロテアーゼである。今回用いたTrypsinは修飾トリプシンであり，外来のキモトリプシン活性を不活化するために，N-トシル-L-フェニルアラニンクロロメチルケトン（TPCK）で処理された。また，比較として，

第 3 章　機能と応用

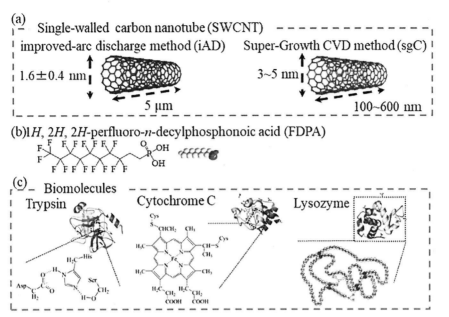

図 3　(a)改良アーク放電法とスーパーグロース CVD 法で得られた SWCNT の模式図，(b)本研究で用いた有機修飾剤のフッ素系ホスホン酸の化学構造，(c)本研究で用いた 3 種類の生体分子の模式図

Zeon Nano Technology ㈱のスーパーグロース CVD 法由来の SWCNT（ZEONANO® SG101，直径 3〜5 nm，チューブ長 100〜600 nm）を用いた（図 3(a)）。当該 SWCNT は Zeon Nano Technology ㈱より親切に提供を受けたものである。2 種 SWCNT の差別化のため，改良アーク放電由来と super-growth CVD 法由来の SWCNTs をそれぞれ，iAD-SWCNT, sgC-SWCNT と略す。また，これらを FDPA で修飾した SWCNTs をそれぞれ，FDP-iAD-SWCNT, FDP-sgC-SWCNT と略す。

12.2.2　SWCNT の表面処理方法

SWCNT 100 mg を硫酸 120 mL，及び硝酸 40 mL の混酸溶液中に添加し，混合溶液を常温の水浴中で 3 時間 cooling した後に，24 時間の超音波処理を行い，SWCNT の親水化処理を行った[40]。この溶液を吸引濾過し得られた，親水性 SWCNT を，「超純水を用いた洗浄⇒吸引ろ過」の操作を，溶液の pH = 7 になるまで 4，5 回程繰り返すことで中和処理を行った。次に，水 20 mL，メタノール 40 mL，及びトルエン 30 mL の混合溶媒に対し，中和処理後の親水性 SWCNT，及び有機修飾剤 FDPA 10 mg を添加し，その後 1 週間撹拌を行った。その後，水相除去のため，エバポレーターで水とメタノールの突沸が終了するまで，エバポレーションを行った。1 回目のエバポレーションでは，水相は完全には除去されず，水相とトルエン相の分離が確認された。その後，再度メタノール 40 mL，トルエン 30 mL，を加え，24 時間撹拌を行った。「24 時間撹拌⇒エバポレーション⇒メタノール，トルエンの追加」の操作を 1 週間行うことで，水相が完全に除去され，黒色の有機修飾 SWCNT 分散液が得られた。この有機修飾 SWCNT 分散液を真空

179

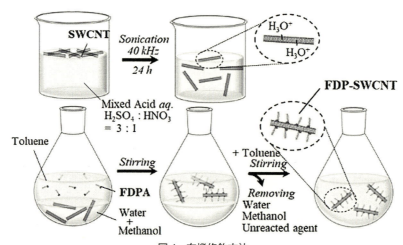

図4 有機修飾方法

乾燥し，溶媒を揮発させることで有機修飾SWCNTの粉末が得られた[37]（図4）。

12.2.3 水面上単分子膜挙動評価と，水平付着法[41,42]による累積膜の作製

有機修飾SWCNTをトルエン溶媒に分散させた溶液を，LB水槽中の超純水（18.2 MΩ·cm）上に単層膜展開した。表面圧-面積（π-A）等温曲線は，USI㈱製 USI-3-22 LB膜作成装置を用い，バリアの圧縮速度は，0.08 mm·sec^{-1}で測定した。下相水は，超純水（18.2 MΩ），もしくはトリプシン含有リン酸バッファー（pH 7.4）を用い，下相水温度は15℃に設定した。

水平付着法による累積膜の作製では，有機修飾SWCNT単層膜形成後，ピストンオイル（オレイン酸と流動パラフィンの混合オイル）を用いて圧縮を行った。この際，圧縮速度の高速化を防ぐため，ピストンオイルによる圧力を1 mN·m^{-1}，3 mN·m^{-1}，5 mN·m^{-1}，10 mN·m^{-1}に調整し，表面圧を段階的に上昇させた。

圧縮後，単層膜の下から，注射器を用いてトリプシン溶液を注入した。吸着を促進させるために15分ほど待った後，バリアを用いて水面を仕切り，基板を水平に保ったままゆっくりと水面上層膜に接触させ，ゆっくりと引き上げる水平付着法により基板上に転写を行った（図5）。

12.2.4 キャラクタリゼーション

形態観察は，原子間力顕微鏡（AFM, SII, SPA-300, SPI-3800 probe station 附随，Si単結晶カンチレバー，バネ定数：2.1 N·m^{-1}，Dynamic Force Mod）により，5 mN·m^{-1}で転写したマイカ基板上の単層膜に対して行った。

赤外吸収（IR）分光法は，JASCO FT/IR-4200を使用し，10 mN·m^{-1}で転写したフッ化カルシウム（CaF$_2$）基板上の20層に対して行った。

組織化膜の高温暴露はジェットオーブン（富山産業㈱，MO-931G）により行った。

高温暴露前後に於ける吸着トリプシンによるフルオレセイン修飾発光カゼイン（FTC-Casein, Thermo Scientific）の分子鎖切断由来の蛍光スペクトル（JASCO FP-6500）測定は，表面圧：

第3章 機能と応用

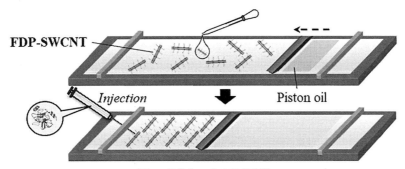

図5 後注入による吸着実験

$20\,\mathrm{mN\cdot m^{-1}}$ 転写したガラス基板上の20層膜に対して行った。ここで励起波長485 nmを採用し,溶液測定の際は,光路長1 cm石英セルを使用した。評価方法の詳細は,水平付着法によりガラス基板上に20層累積させたトリプシン吸着有機修飾SWCNT多層膜を,ジェットオーブンで10分間高温暴露させた。その後,常温で冷まし,常温のフルオレセイン修飾カゼイン溶液中に10分間浸して取り出し,蛍光スペクトル測定を行った。

紫外可視吸収(UV-Vis)分光法は,JASCO V-650を用い,$20\,\mathrm{mN\cdot m^{-1}}$で転写した石英基板上の40層と,光路長1 cm石英セル中の溶液に対してそれぞれ行った。

円偏光二色性(CD)分光法は,UV検出器附随のJASCO J-600を用い,トリプシン由来の負のコットン効果をモニターした。試料はUV測定に使用したものと同様に作成した。

熱重量(TG)測定は,SII TG/DTA 6200を用い(EXSTAR6000 controller付属),窒素雰囲気下,昇温速度:$10\,\mathrm{℃\cdot min^{-1}}$で測定した。FDP修飾SWCNTsはいずれも,酸処理による親水性基の脱離が低温域から徐々に生じ,TG曲線の傾きが変わる350℃以上から修飾鎖の脱離が開始されると思われる。総重量減少値は18%程度であるため,必ずしも両者のFDP修飾SWCNTsの修飾率は高くないであろう(図6)。

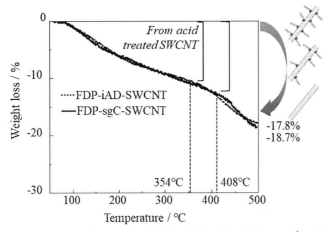

図6 FDP-iAD-SWCNTとFDP-sgC-SWCNTのTG曲線($10\,\mathrm{℃\cdot min^{-1}}$,窒素雰囲気下)

12.3 結果と考察
12.3.1 本項の概要

改良アーク放電法により得られた単層カーボンナノチューブ（SWCNT）にフッ化炭素鎖修飾を施し，その界面単層膜に対して下相水中から吸着させたトリプシンの活性維持挙動を評価した。フッ化炭素鎖修飾SWCNT膜へのトリプシンの吸着は，形態学的，及び分光学的評価により確認された。繊維状のフッ化炭素鎖修飾SWCNT単層膜形態は，トリプシン吸着により被覆され，その多層膜の赤外（IR）スペクトルにはトリプシン由来のアミドバンドが検出された。トリプシンが有する発光カゼイン鎖の切断能は，フッ化炭素鎖修飾SWCNT膜吸着後，160℃でも維持された更に円偏光二色性（CD）スペクトル測定の結果，このフッ化炭素鎖修飾SWCNT膜吸着トリプシンの二次構造は，ほぼ200℃近くまで維持されることが分かった。カゼイン鎖切断による発光強度の増強は200℃でほぼ失われ，負のコットン効果に由来するCDシグナルは250℃で完全に変質した（図7）。

12.3.2 FDP修飾SWCNTの水面上単分子層とバイオ分子間の親和的相互作用

図8は，FDP修飾SWCNT単層膜の超純水上とトリプシンを含む飽和緩衝液上のπ-A等温曲線（15℃）を示している。この図に於ける横軸値は，単層膜構成物質が有機修飾SWCNTであり，分子占有面積，もしくは疎水鎖当たりの平均面積の概念が適用困難であるために，当該単層膜によるトラフ面積減少率を用いた。超純水上の改良アーク放電法由来のFDP-iAD-SWCNT単層膜は，極めて安定な凝縮膜の挙動を示した。SWCNTの修飾率は低いと予測されるが，導入されたフッ化炭素修飾鎖の撥水性が高いために，疎水基として効果的に作用すると予想された。一方，下相水がトリプシンを含む飽和緩衝液である場合，FDP-iAD-SWCNT単層膜は顕著に膨張傾向を示した。この明らかな挙動の転移は，下相中のトリプシンとSWCNTが相互作用

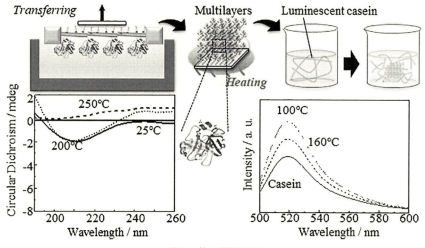

図7　第3項概要図

第3章　機能と応用

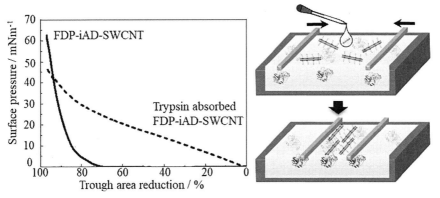

図8　FDP-iAD-SWCNT単層膜の超純水上とトリプシンを含む飽和緩衝液上のπ-A等温曲線（15℃）

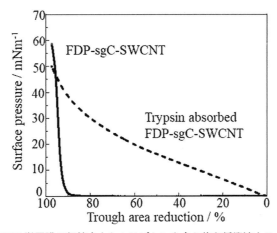

図9　FDP-sgC-SWCNT単層膜の超純水上とトリプシンを含む飽和緩衝液上のπ-A等温曲線（15℃）

を示したためと予測される。SWCNTは混酸処理により親水化し，その終端水酸基の一部は，FDPAと結合し，修飾鎖をつないでいる。一方で未反応の荷電水酸基は，下相水中の両性電解質の挙動を示す，トリプシンと親和的相互作用を示す。図9には，先行研究で扱われた，スーパーグロースCVD製のsgC-SWCNT[36]が，FDPで修飾された単分子膜とトリプシンとの相互作用を示している。トリプシンを含む飽和緩衝液上のπ-A等温曲線は，FDP-iAD-SWCNT単分子膜の挙動と酷似し，超純水上に比べ，大きく膨張している。同じ条件でのπ-A曲線の膨張挙動が似通っているため，iAD-SWCNTとsgC-SWCNTの製造法による差別化は殆どないものと予測された。原料に於いて，iAD-SWCNTはチューブ長の分布が広く，鉄系の不純物が多いとされているが，有機修飾反応過程で不純物が除かれ，チューブ長は長時間の超音波処理の間に長さの分布が均一化したと思われる[37]。また，下相水中にチトクロムC蛋白，或いはリゾチーム酵素などの寮生電解質バイオ分子を含めた場合，FDP-iAD-SWCNT単層膜は等しく膨張傾向を示す（図10）。以上のことから，超音波混酸処理を経由して，フッ素系有機修飾鎖を導入した

183

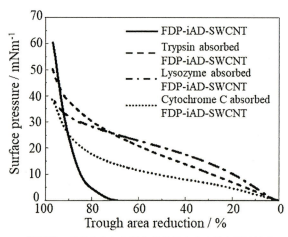

図10 FDP-iAD-SWCNT 単層膜の超純水上と各種生体分子を含む飽和緩衝液上の π-A 等温曲線（15℃）

SWCNT は，製造方法によらず，種々の両性電解質系バイオ分子と相互作用を示すことが明らかになった。

12.3.3　FDP-iAD-SWCNT 単層膜へのトリプシンの吸着固定化の確認

図11(a)は，マイカ基板上に水平付着法で一層，FDP-iAD-SWCNT 単層膜を転写した際の AFM 像を示している。また，図11(b)は，飽和緩衝液上の FDP-iAD-SWCNT 単層膜に圧縮を施した後，下相水にトリプシン水溶液を注入し[32]，相互作用を発生させた後の，転写単層膜の AFM 像を示している。図11(a)には，SWCNT の凝集構造に相当する，バンドル化した繊維状形態が確認できる。図11(b)は，明らかに表面形態が異なり，表面を被覆する隆起状形態が確認できる。今回，予めトリプシン緩衝溶液を下相水に用いるのではなく，SWCNT 単層膜への圧縮後，トリプシンを下相の緩衝液を注入した理由は，トリプシンの Gibbs 単分子膜形成[43]への懸

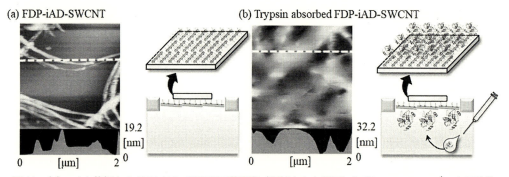

図11　(a)マイカ基板上の FDP-iAD-SWCNT 単層膜（超純水から転写）（15℃，10 mN・m^{-1}；水平付着法），(b)下層水からトリプシンを作用させた場合の FDP-iAD-SWCNT 単層膜の AFM 像（15℃，5 mN・m^{-1}，水平付着法）

第 3 章 機能と応用

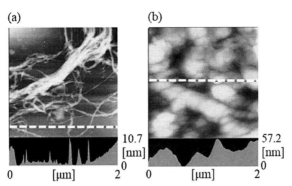

図 12 (a)マイカ基板上の FDP-sgC-SWCNT 単層膜（超純水から転写）（15℃，10 mN・m^{-1}；水平付着法），(b)下層水からトリプシンを作用させた場合の FDP-sgC-SWCNT 単層膜（15℃，5 mN・m^{-1}；水平付着法）

念である。即ち，下相水中のバイオ分子は，気/水界面に自発吸着し，FDP-iAD-SWCNT 展開前に，水面上に単層膜を形成する可能性がある[44]。結果として，FDP-iAD-SWCNT とトリプシンの混合膜が水面上に形成される懸念がある。π-A カーブより，SWCNT とトリプシンの相互作用は明らかであるため，トリプシンを全て SWCNT 表面に吸着固定化するため，あと注入の手法を活用した。結果として得られた単層膜表面の変化は，トリプシンが SWCNT 表面に吸着固定化された可能性を示している。

ちなみに，同様の形態転移は，FDP-sgC-SWCNT の系でも確認できる。FDP-sgC-SWCNT 単層膜も，トリプシン注入前には繊維状の形態を示し，注入後には吸着体による隆起形態が確認されている（図 12）。これらの表面形態の変化が，吸着トリプシンであるという断定は，多層膜の IR 測定から検証できる（図 13）。図 13 は，超純水上で調製した FDP-iAD-SWCNT 20 層膜と，トリプシン注入緩衝液上で調製した FDP-iAD-SWCNT 20 層膜の IR スペクトル変化を示している。トリプシン作用後は，バイオ分子由来のアミド I およびアミド II バンドがそれぞれ，1643，および 1537 cm^{-1} に明瞭に見られた。これは，修飾鎖にも SWCNT にも存在しない官能基であるため，トリプシン由来のアミド結合の存在と結論付けた。従って，π-A カーブの膨張，並びに AFM 像に見られた表面の隆起は，FDP-iAD-SWCNT 膜へのトリプシンの吸着固定化の達成に相当すると示唆された。

12.3.4 SWCNT 吸着固定化トリプシンの高温環境下に於ける二次構造の保持に基づく活性と旋光性の維持

図 14(a)は，本研究で用いたトリプシンのプロテアーゼとしての能力を評価するために，発光カゼイン溶液にトリプシンを加えた場合の加温下における機能維持特性を評価している。ここで示す蛍光スペクトルは，発光カゼイン鎖をトリプシンが切断することにより，その発光強度が増大する様子を示している。25℃ に於ける発光強度増大挙動に比べ，トリプシン溶液を加熱してから加えると，その温度が高くなるについてトリプシンのカゼイン鎖切断能が不活性化されてくる

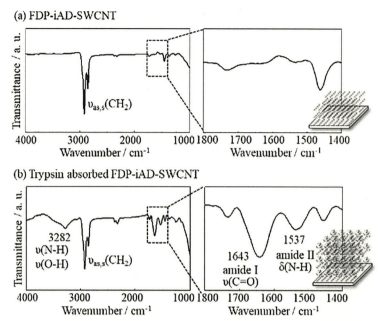

図13 (a) FDP-iAD-SWCNT 多層膜と(b)トリプシン吸着 FDP-iAD-SWCNT 多層膜の IR スペクトル (20層, 15℃, 10 mN・m^{-1}, 水平付着法)

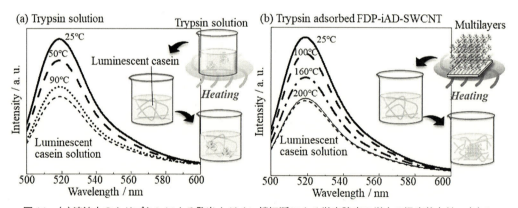

図14 (a)溶液中のトリプシンによる発光カゼイン鎖切断による蛍光強度の増大の温度依存性, (b)トリプシン吸着 FDP-iAD-SWCNT 多層膜の導入による発光カゼイン鎖切断による蛍光強度の増大の温度依存性

ことが分かる。50℃の条件では著しく蛍光強度が低下し, 90℃ではほぼ増加傾向がみられなくなる。

この実験を, 今回のトリプシン吸着 FDP-iAD-SWCNT 多層膜を加温後浸漬して実施した (図14(b))。常温時の発光増大に比べ, 100℃に於いても8割近い発光増強を示し, 160℃でも50%弱程度の増大を示している。加温処理条件を200℃まで上げると発光増大はほぼ見られなくな

る。この傾向は，過去，ナノクレイ[32]で行われた活性評価実験に匹敵する性能に相当する。トリプシンのカゼイン鎖切断能は，その精妙な立体構造の維持がもたらすプロテアーゼ機能であると考えられる。溶液中では，加温による構造転移が生じやすく，耐熱性は低い。一方，テンプレート吸着した場合は，立体構造が維持され易く，高温環境下でもカゼイン鎖切断能が担保されるのであろう。

ここで，旋光性/円偏光二色性の観点から，高温環境に於けるトリプシンの二次構造の維持を検証する（図15）。本研究で用いたトリプシンは，200 nm弱の領域にUV-Visスペクトルの吸収極大を有する。またトリプシンが各種二次構造の特異的集約により，CDスペクトルにおいて負のコットン効果を示すことも知られている[45～47]。溶液系で確認すると，UVスペクトルの吸収自体は，90℃でもほぼ変化はなく，共役系自体に加温の影響はないと考えられる。一方でCDシグナルは，50℃でも著しく変化し，90℃に向かうにしたがって，徐々に低波長シフトし，CDシグナル強度は高くなり，尖鋭化する。三次元構造がより左巻き方向に顕著にねじれる傾向への転移が推察される。

ところが，FDP-iAD-SWCNT膜に吸着したトリプシンは分光学的挙動が異なる。UVスペクトルの吸収帯は溶液中に比べるとやや幅広であり，160℃までほぼ不変である。200℃で吸収強度がやや下がり，250℃という極端な条件では，著しく強度低下が確認される。CDシグナルとみると，UVの吸収極大よりも10 nm以上長波長シフトを示している。UV吸収の長波長シフトは

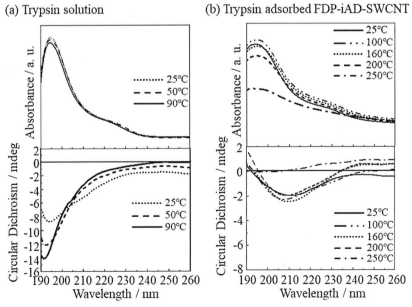

図15 (a)溶液中のトリプシンのCDスペクトルとUVスペクトルの温度依存性，(b)トリプシンを吸着させたFDP-iAD-SWCNT多層膜のCDスペクトルとUVスペクトルの温度依存性

カーボンナノチューブの研究開発と応用

会合体形成を予測させる[48]が，CD シグナルにのみ現れるシフトは，負のコットン効果や左巻き螺旋形態に特徴的な会合挙動なのかもしれない。CD シグナルは，250℃では著しく変化するが，200℃までに於いてはある分布の範囲で変化の傾向が収まっているようだ。細やかに見れば，常温から 160℃までは徐々にシグナル強度は上がり，200℃以上では低下するようだ。テンプレートに固定化されて，高温での活性維持が確認されたトリプシンの熱処理下での CD スペクトルによる二次構造評価は初めて実施された。これらの data は今後の吸着固定化バイオ分子の二次構造転移を評価する上で重要な情報を担うことになるであろう。

12.3.5　本項の結論

　図 16 に以上の内容をまとめ，考察した。iAD-SWCNT は，有機修飾反応を介することにより，sgC-SWCNT とほぼ同等に材料活用が可能になる。不純物の除去や，チューブ長の分布の影響が抑制されるのであろう。フッ化炭素系ホスホン酸による表面改質は修飾率が低くても，疎水鎖として優秀な部位の導入を達成できる。FDP-修飾 SWCNT の Langmuir 膜は，下相水からのバイオ分子吸着テンプレートとして有用である。π-A 曲線の膨張挙動は顕著で，表面を被覆し，隆起形態を形成する。トリプシン吸着の断定は，吸着固定化膜に対する IR 測定が有効である。トリプシン吸着 SWCNT 多層膜は，160℃に於いても活性を維持する。二次構造の維持は，加温処理後のトリプシン吸着 SWCNT 多層膜に対する CD スペクトルから予測された。負のコットン効果の維持に基づく，160℃までの二次構造維持と，スペクトルシフトが暗示する左巻きらせん構造独自の会合形成が示唆された。

12.4　総括的結論

　フッ素化ホスホン酸を用いて，製造法の異なる 2 種の SWCNT の表面修飾を行い，バイオ分子吸着テンプレートとしてのそれらの Langmuir 単層膜特性を比較した。長時間の超音波処理と，修飾鎖導入，精製を経る有機修飾反応過程において，両者の SWCNT はいずれもバイオ分子を効率吸着する能力を付与され，かつ両親媒化した。本研究は，バイオ分子のテンプレート吸着の達成とその確認，吸着バイオ分子の酷環境下での活性維持，そして活性維持に対応する二次構造評価を，トリプシンを用いて実施した。SWCNT の有機修飾に際し，予め超音波処理による親水化を経る際，多量の親水性官能基が導入されたと思われる。修飾鎖の被覆の限定に反し，気/水界面で荷電する吸着性官能基が豊富に導入され，両性電解質能を有するバイオ分子の吸着が容易になったと予測される。加温条件に対して安定な SWCNT テンプレートは，吸着固定化によるバイオ分子の立体構造維持に適した素材である。固体試料中最大の熱伝導性の保持は，固定化バイオ分子への熱的ダメージも低いだろう。

　従って，SWCNT の親水表面側に吸着したトリプシンは，構造と活性の維持を担保されて，160℃まで生き抜けるのであろうと予測される。

第3章　機能と応用

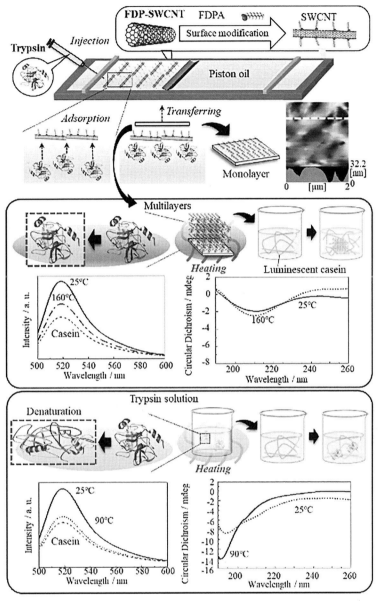

図16　本研究の総括

謝辞

　本研究の遂行に際し，試料として改良アーク放電法製単層カーボンナノチューブをご提供くださいました楠本化成㈱の清水大介 氏に感謝いたします。

　同様に，試料としてスーパーグロース CVD 法製単層カーボンナノチューブをご提供くださいましたゼオンナノテクノロジー㈱の加藤丈佳 氏に感謝いたします。

　さらに，爆轟法ナノダイヤモンドをご提供いただきました，㈱ダイセルの梅本浩一 氏，城 大輔 氏に感謝いたします。

文　　献

1) R. A. Langan, S. E. Boyken, A. H. Ng, J. A. Samson, G. Dods, A. M. Westbrook, T. H. Nguyen, M. J. Lajoie, Z. Chen, S. Berger, *et al.*, *Nature*, **572**, 205-210 (2019)

2) K. Sugase, H. J. Dyson, P. E. Wright, *Nature*, **447**, 1021-1025 (2007)

3) A. M. Klibanov, *Nature*, **409**, 241-246 (2001)

4) Y. Nishiyama, J. Sugiyama, H. Chanzy, P. Langan, *J. Am. Chem. Soc.*, **125**, 14300-14306 (2003)

5) C. I. Kammann, H.-P. Schmidt, N. Messerschmidt, S. Linsel, D. Steffens, C. Müller, H.-W. Koyro, P. Conte, S. Joseph, *Sci. Rep.*, **5**, 11080 (2015)

6) M. A. Shannon, P. W. Bohn, M. Elimelech, J. G. Georgiadis, B. J. Mariñas, A. M. Mayes, *Nature*, **452**, 301-310 (2008)

7) Y. Li, B. Zhu, Y. Li, W. R. Leow, R. Goh, B. Ma, E. Fong, M. Tang, X. Chen, *Angew. Chem. Int. Ed.*, **53**, 5837-5841 (2014)

8) H. Mattoussi, J. M. Mauro, E. R. Goldman, G. P. Anderson, V. C. Sundar, F. V. Mikulec, M. G. Bawendi, *J. Am. Chem. Soc.*, **122**, 12142-12150 (2000)

9) A. Kumari, S. K. Yadav, S. C. Yadav, *Colloids Surf. B*, **75**, 1-18 (2010)

10) M. K. Uddin, A. Nasar, *Sci. Rep.*, **10**, 7983 (2020)

11) A. R. Strom, A. V. Emelyanov, M. Mir, D. V. Fyodorov, X. Darzacq, G. H. Karpen, *Nature*, **547**, 241-245 (2017)

12) J. Bernstein, R. E. Davis, L. Shimoni, N. Chang, *Angew. Chem. Int. Ed. Engl.*, **34**, 1555-1573 (1995)

13) W. D. Cornell, P. Cieplak, C. I. Bayly, I. R. Gould, K. M. Merz, D. M. Ferguson, D. C. Spellmeyer, T. Fox, J. W. Caldwell, P. A. Kollman, *J. Am. Chem. Soc.*, **117**, 5179-5197 (1995)

14) E. A. Meyer, R. K. Castellano, F. Diederich, *Angew. Chem. Int. Ed.*, **42**, 1210-1250 (2003)

15) W. Liang, F. Carraro, M. B. Solomon *et al.*, *J. Am. Chem. Soc.*, **141**, 14298-14305 (2019)

16) M. Talha, Y. Ma, P. Kumar, Y. Lin, A. Singh, *Colloids Surf. B*, **176**, 494-506 (2019)

17) A. S. Cristie-David, J. Chen, D. B. Nowak *et al.*, *J. Am. Chem. Soc.*, **141**, 9207-9216 (2019)

18) P. Deria, J. Yu, T. Smith, R. P. Balaraman, *J. Am. Chem. Soc.*, **139**, 5973-5983 (2017)

19) M. Altman, A. D. Shukla, T. Zubkov *et al.*, *J. Am. Chem. Soc.*, **128**, 7374-7382 (2006)

20) T. Dadosh, Y. Gordin, R. Krahne *et al.*, *Nature*, **436**, 677-680 (2005)

21) Y. Cui, B. Li, H. He *et al.*, *Acc. Chem. Res.*, **49**, 483-493 (2016)

22) L. Zang, Y. Che, J. S. Moore, *Acc. Chem. Res.*, **41**, 1596-1608 (2008)

23) G. Cho, B. M. Fung, D. T. Glatzhofer, J.-S. Lee, Y.-G. Shul, *Langmuir*, **17**, 456-461 (2001)

24) A. Čeklovský, S. Takagi, J. Bujdák, *J. Colloid Interface Sci.*, **360**, 26-30 (2011)

25) Y. Ji, B. Li, S. Ge, J. C. Sokolov, M. H. Rafailovich, *Langmuir*, **22**, 1321-1328 (2006)

26) S. Bandi, D. A. Schiraldi, *Macromolecules*, **39**, 6537-6545 (2006)

27) Y. Lei, Y. Chen, R. Zhang *et al.*, *Nature*, **583**, 790-795 (2020)

28) G. L. Gaines Jr., "Insoluble Monolayers at Liquid Gas Interfaces" Wiley: New York (1966)

29) M. C. Petty, "Langmuir-Blodgett Films" Cambridge Univ. Press: New York (1996)

30) A. Ulman, "An Introduction to Ultrathin Organic Films: From Langmuir-Blodgett to

第 3 章　機能と応用

Self-Assembly" Academic Press: Boston (1991)

31) K. B. Blodgett, *J. Am. Chem. Soc.*, **56**, 495-495 (1934)

32) A. Fujimori, S. Arai, Y. Soutome, M. Hashimoto, *Colloids Surf. A Physicochem. Eng. Asp.*, **448**, 45-52 (2014)

33) A. A. Almarasy, Y. Yamada, Y. Mashiyama *et al.*, *ChemistrySelect*, **6**, 5329-5337 (2021)

34) P. Roach, D. Farrar, C. C. Perry, *J. Am. Chem. Soc.*, **128**, 3939-3945 (2006)

35) T. Darmanin, F. Guittard, *J. Am. Chem. Soc.*, **131**, 7928-7933 (2009)

36) A. A. Almarasy, T. Hayasaki, Y. Abiko *et al.*, *Colloids Surf. A Physicochem. Eng. Asp.*, **615**, 126221 (2021)

37) S. Hirayama, Y. Abiko, H. Machida, A. Fujimori, *Thin Solid Films*, **685**, 168-179 (2019)

38) S. Bernegger, C. Brunner, M. Vizovišek *et al.*, *Sci. Rep.*, **10**, 10563 (2020)

39) A. Kuzyk, R. Schreiber, Z. Fan *et al.*, *Nature*, **483**, 311-314 (2012)

40) D. Y. Kim, C.-M. Yang, H. Noguchi, *et al.*, *Carbon*, **46**, 611-617 (2008)

41) I. Langmuir, V. J. Schaefer, *J. Am. Chem. Soc.*, **59**, 1762-1763 (1937)

42) K. Fukuda, H. Nakahara, T. Kato, *J. Colloid Interface Sci.*, **54**, 430-438 (1976)

43) V. Melzer, D. Vollhardt, G. Brezesinski, H. Möhwald, *J. Phys. Chem. B*, **102**, 591-597 (1998)

44) R. Maget-Dana, *Biochim. Biophys. Acta Biomembr.*, **1462**, 109-140 (1999)

45) A. J. Maynard, G. J. Sharman, M. S. Searle, *J. Am. Chem. Soc.*, **120**, 1996-2007 (1998)

46) S. Saha, J. Chowdhury, *Mater. Chem. Phys.*, **243**, 122647 (2020)

47) V. Csizmók, M. Bokor, P. Bánki *et al.*, *Biochemistry*, **44**, 3955-3964 (2005)

48) P. G. Coble, *Mar. Chem.*, **51**, 325-346 (1996)

13 TUBALL™単層カーボンナノチューブの特徴と活用

清水大介*

13.1 はじめに

カーボンナノチューブは1991年に日本で発見された新素材[1]で，発見30年を経て特定用途においては徐々に実用化が開始されている。

過去に開発された新素材の例からも，30年前後で量産化に目途が立ち，用途が広がる段階となる事が多く，カーボンナノチューブの場合でも盛んに応用検討や特許出願が行われている。

本稿ではカーボンナノチューブを用いた開発の一助となるため，単層カーボンナノチューブ，TUBALL™並びに単層カーボンナノチューブ分散体Lamfil®を中心にカーボンナノチューブの概要について解説する。

13.2 カーボンナノチューブ

カーボンナノチューブについては各項でも述べられているので，本項では工業的に利用するための注意点について述べる。

カーボンナノチューブは大きく分けてハニカム構造のシートの複数同軸上に重なり筒状になっている「多層カーボンナノチューブ（MWCNT）」と，1枚がシームレスに筒状となった「単層カーボンナノチューブ（SWCNT）」に分けられる。最近では多層，単層カーボンナノチューブともに多くの品種，品番の製品が市販されており，それぞれ性能，品質に大きな差が有る為，目的に合わせて品番を選ばなければ期待した効果が得られないことがある。このため，同じカーボンナノチューブと考えて安易な品種置き換えを行うと，調整に苦労する場合があるので注意が必要である。

また，単層カーボンナノチューブはハニカム構造のシートの巻き方によって導体の性質を示す物と半導体の性質を示す物が知られている[2]。現状量産されている単層カーボンナノチューブでは工業的に分離されているものはまだ市販されていない。このため，多層，単層共に市販品は導体として考えて評価する方が使用上の問題が発生しにくい。

13.3 単層カーボンナノチューブ TUBALL™

前述の通り，単層カーボンナノチューブの基本的な構造はある程度定義できるが，工業的に使用するためには，合成法や直径，長さ等の違いから製品によって得られる効果や機能に差が生じる。

ここからは，楠本化成の取り扱うOCSiAl社製の単層カーボンナノチューブTUBALL™につ

＊　Daisuke SHIMIZU　楠本化成㈱　CNT事業本部　課長

第3章 機能と応用

表1 単層カーボンナノチューブTUBALL™の特性

	01RW02（標準品）	01RW03（精製品）
CNT含有率	＞80%	99 ± 0.5%
平均外径	1.6 ± 0.4 nm	1.6 ± 0.4 nm
比表面積	300 m^2/g 以上	800-1600 m^2/g
G/D比	＞40	＞40
金属含有量	＜15%	＜1%

いて詳細を述べていく。

表1に単層カーボンナノチューブTUBALL™の特性を示す。記載の通り，直径1.6 nm程の単層チューブとなっている。G/D比も40を超え，G/D比が1から3程度の物が多い多層型と比べると欠陥の少ない構造を持っている。このためより少ない配合量で導電性付与のような機能が発揮され，フィラーの添加による基材物性への悪影響は最小限に抑えられる。

このように，単層カーボンナノチューブTUBALL™は非常に細く，構造に欠陥が少ない，つまり結晶性が良い優れた素材である。また，上記のような形状であるため比表面積が非常に大きく精製したものでは1000 m^2/g程度の値を示す。

しかし，この特性故の欠点もある。それは比表面積が大きく結晶性が高い繊維状物質であるため凝集力も非常に強くなりカーボンナノチューブそのものの分散や材料への均一な混合，添加が難しくなってしまう点である。

図1，図2はTUBALL™の電子顕微鏡写真である。TUBALL™の粉の外見は嵩密度の低い粉状であり，図1のように繊維状のもので構成されている。

しかし，この繊維をさらに拡大して観察すると，図2のようにさらに細い繊維状のCNTが不織布状に絡み，重なっている。この繊維もまだ1本のカーボンナノチューブではなく，数十本の

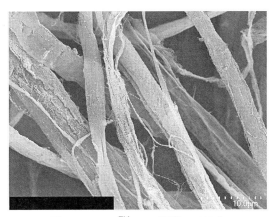

図1 TUBALL™ SEM画像：5000倍

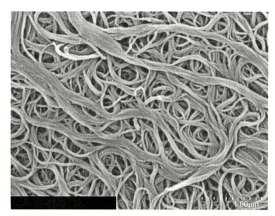

図2 TUBALL^{TM} SEM 画像：50000 倍

単層カーボンナノチューブが糸のように撚り合わさったバンドルと呼ばれる1次凝集状態である。

図2のようにカーボンナノチューブの凝集は一般的な微粒子状フィラーの凝集の様な吸着"点"による凝集とは異なり，繊維が寄り添う様な吸着"線"や"面"による凝集力が働いてしまうため分散にはより大きなエネルギーや特殊な分散技術が必要になってしまう。

導電性付与や物性向上を目指して使用する場合は，このような直径30～50 nm程度のバンドル状態まで分散して，撚り合わさった糸のようにできれば長さも確保できる為，機能的にはこの水準の分散が一つの目安となる。その上で用途や求める機能よって最適な分散レベルが変わる為，用途に合わせてこの水準以上で適切な分散条件を見出すことが単層カーボンナノチューブを使いこなす為に最も重要な要素となる。

カーボンナノチューブの分散技術や装置については，装置メーカーや研究機関より多くの報告がなされているので本稿ではあまり記載しないが[3~5]，使用用途に合わせた分散方法，分散度合いの選択が最も重要であり，単分散する事が最終目標にならない様留意する必要がある。

13.4 単層カーボンナノチューブ分散体 Lamfil®

カーボンナノチューブを粉体から取り扱うことについては，分散の難易度の問題だけでなく，ナノ物質粉体を取り扱うということ自体が企業には取り扱う上での難易度を上げてしまう場合がある。このため，このようなリスクを低減し，迅速開発を進めるためにも分散液やマスターバッチの形態で供給されているカーボンナノチューブ製品を使用する事も選択肢として存在する。

楠本化成でも，こういった需要に応えるため，Lamfil®という商標で単層カーボンナノチューブの分散液や単層カーボンナノチューブのマスターバッチを供給している。

分散液タイプは水や溶剤を用いた分散液であり，界面活性剤や用途に合わせた樹脂を安定剤と

して，電池の電極素材やエマルションなどへの添加時に強い力が掛けられない場合に適する。

マスターバッチタイプは液状樹脂やビヒクル，界面活性剤など，使用目的に合わせた素材を担体とした分散体であり，使用目的に合わせた素材を用いることで余分な物質を持ち込まず，簡便に可能な分散体である。

単層カーボンナノチューブを添加した塗料の導電メカニズム

凝集状態
導電パスが少ない

理想の分散状態
CNTが接触しながら全体に広がる
（抵抗が下がる）

過剰分散状態
分散しすぎて導電パスが切れる

図3　添加されたカーボンナノチューブの分散状態例

図3に単層カーボンナノチューブが使用する系の中での分散状態を示す。カーボンナノチューブを導電用途に用いるには一般的にイメージされているフィラーの分散とは少し様子が異なる。分散剤を開発しているとフィラー，顔料の分散を行う場合すべての粒子を一つ一つバラバラにして単一粒子へと分散し，粘度も低い状態へと整えることを目標とされることが多い。カーボンナノチューブでも半導体性や機能性を目的とする場合にこのレベルを目指す場合もあるが，導電性や帯電防止性を目的とする場合には図3のうち中の図のように繊維として解れつつもカーボンナノチューブ同士は接触しているという状態を作り出す必要がある。

この構造体が導電パスとなり電気を流す作用をもたらすが，細い繊維状のカーボンナノチューブでは同じ重量濃度の場合，ほかの導電フィラーに比べて本数が多くなるため低添加量で効果を発揮するという利点がある。この低添加での機能発揮は副次的な効果ももたらす。例えば基材となる樹脂が高固形分であることで特性に与える影響が小さいことが挙げられる。また，理想的な分散状態では3次元的な網目構造を取るため網目の間に着色顔料が入ることができる。低添加量に加えて顔料が入ることで単層カーボンナノチューブを上手に配合できた場合には，他の導電フィラーと比較して高い着色性が得られる。

単層カーボンナノチューブ分散体Lamfil®は添加する系に合わせて，カーボンナノチューブの分散平衡を整えられるよう，分散体開発を進めている。

13.5　単層カーボンナノチューブTUBALL™の応用例

多層カーボンナノチューブだけでなく単層カーボンナノチューブも量産がなされるようになり，用途展開，用途開発も進んできている。最近では，TUBALL™の単層ならではの特性が発

揮されることも増えている。ここでは，工業的な製品が出始めている分野をいくつか紹介する。

国内でも，まだ市場に出ていない分野でも開発が進んでいる状況であり，カーボンナノチューブ市場全体として今後の用途発展が期待できる。

13.5.1 電池

現時点で単層カーボンナノチューブの最も利用されている用途として，リチウムイオン2次電池が挙げられる。単層カーボンナノチューブを添加するメリットとしては，非常に細いカーボンナノチューブが電極活物質の上を網目状に覆うことで，低添加量でも膨張，収縮を伴う充放電の際も単層カーボンナノチューブが有する網目状構造で導電ネットワークが担保され，結果として電気を効率よく集めることができ，特にシリコン系活物質を配合した負極には広く使用され始めている。

また，少ない添加量で電極抵抗を低下させる事ができるため活物質の配合量を最大限にする事も可能で，高目付量の電極には効果的である。図4はリン酸鉄リチウムのモデル正極の表面抵抗値を示しているが，カーボンナノチューブの効果をよく示す結果となっている。

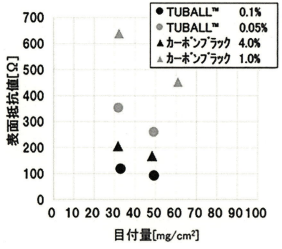

図4　リン酸鉄リチウム正極の表面抵抗値

上記の網目構造は電極配合物間の結着力の向上や基材との密着性も向上させて電極を構成するバインダー量低減にも寄与する。図5は目付量を増やしたリン酸鉄リチウム電極の表面写真であるが，TUBALL™を配合した電極ではひび割れが発生せず，単層カーボンナノチューブの効果をよく表している。その結果，サイクル特性向上，エネルギー密度向上，充放電特性向上などの効果が得られる。

第3章　機能と応用

図5　リン酸鉄リチウム正極の表面状態

また，固体電池向けに単層カーボンナノチューブを配合する可能性についても検討が進んでおり，スラリー状態で混合される固体酸化物への配合，焼結により電気導電性付与効果が得られることが確認されている。この結果はセラミックやガラスへの転用も期待できる為，電子デバイス等への拡大が見込める。

13.5.2　塗料

低添加量で網目構造のネットワークを作ることができるため，網目の間に上手く顔料を入れる事で，カーボン系導電材にも関わらず黒色以外に着色をする事が可能となる。この特性を利用して，塗料中に単層カーボンナノチューブを添加することで帯電防止塗料を作ることができる。

市販緑色の無溶剤エポキシ床塗料に単層カーボンナノチューブに添加した場合，色の変化を比較的抑えたまま，Blank で表面抵抗率 10^{13} Ω/□ であったものが単層カーボンナノチューブ添加量 0.02% で表面抵抗率 10^8 Ω/□ と帯電防止性を付与できている。

13.5.3　フィルムコート

UV 硬化系の透明インクを PET フィルム上にコーティングした場合，透明性を確保しながら帯電防止フィルム化することが可能である。

コーティング膜厚が薄い場合には表2のように添加量を調整し，膜中にあるカーボンナノチューブが電流を流すのに必要な数と色味のバランスをとることでより良い効果が得られる。

表2　帯電防止フィルムコートの膜厚と透過率

TUBALL™ 添加量	コート膜厚	表面抵抗率	全光線透過率*
0.03%	15 μm	10^8 Ω/□	94%
0.05%	10 μm	10^8 Ω/□	97%
0.1%	5 μm	10^7 Ω/□	95%

＊未塗工フィルムの透過率を100%としたときの値

13.5.4　熱硬化樹脂（FRP）

熱硬化樹脂並びに熱可塑性樹脂と合わせた FRP も盛んに検討されている分野の一つである。

FRP の分野では，ここまでの例とは異なり，導電性よりも図6のように樹脂と炭素繊維の吸着を補助し強度向上を図ることが添加の目的となっている。

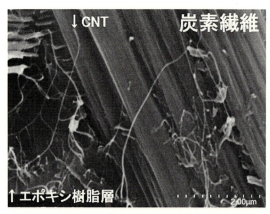

図6　CFRP 中に分散した TUBALL™ : 25000 倍

この分野については，樹脂への練りこみ，繊維への含浸，硬化のための設備や条件の影響が出やすく，最適化のための苦労が必要とはなるものの強度が上昇する事例は増えている。強度が上昇した素材を用いることで，強度を保ったまま薄肉化や肉抜による軽量化を果たせることが可能で，昨今求められる，エネルギー消費の低減や小型化に寄与できる。

13.5.5　熱可塑性樹脂

最近の開発事例として，超高濃度マスターバッチを使用した熱可塑樹脂への帯電防止事例が挙げられる。表3に射出成形にて作製した，ポリアミド66/ガラスファイバー30%にTUBALL™を添加した際の特性変化を示す。

今のところ，ガラスファイバーの配合が必要ではあるが，引き続きガラスファイバーなしでの効果やほかの樹脂への展開を図り，意匠性の高い用途や高機能を求められる成形体へ展開できるように開発を進めている。

表3　ポリアミド射出成形での帯電防止性付与

	TUBALL™ 0.1%	Blank
表面抵抗率（Ω/□）	10^6	$10^{13}<$
引張応力（Blankとの比率）	100	100
曲げ応力（Blankとの比率）	100	100
曲げ弾性率（Blankとの比率）	100	100

13.5.6　液状シリコーンゴム

2液液状シリコーンゴムを液状樹脂成形機で成形したシリコーンゴムでは物性，帯電防止性ともに効果が見られた例となる。

第3章　機能と応用

表4　液状シリコーンゴム成形体の物性改良

		Blank	TUBALL™ 0.05%	TUBALL™ 0.1%
表面抵抗率		$>10^{14}\,\Omega/\square$	$8.3\times10^8\,\Omega/\square$	$2.4\times10^5\,\Omega/\square$
体積抵抗率		$>10^{14}\,\Omega\cdot\text{cm}$	$2.9\times10^6\,\Omega\cdot\text{cm}$	$5.3\times10^4\,\Omega\cdot\text{cm}$
硬度（ショア A）		60	59	59
引張強さ		6.98 MPa	5.97 MPa	5.55 MPa
ヤング率		4.61 MPa	4.16 MPa	5.85 MPa
引裂強さ	アングル	2.49 kN/m	2.61 kN/m	2.75 kN/m
	トラウザ	1.06 kN/m	1.21 kN/m	1.32 kN/m

　表4はシートの物性値一覧であるが，硬度を変化させずに帯電防止性を付与，さらにシリコーンゴムの弱点である引裂き強度にも改善が見られている。

　液状シリコーンゴム以外にも，マスターバッチの性質を変えたミラブルゴムでも帯電防止性が発現できており，今後の用途展開に期待している。

13.6　おわりに

　単層カーボンナノチューブは研究段階から実用化の段階に進んでいるが，産業的には新しい素材であり，多様な分野で利用できる可能性をもっている。反面，物性的，理論上の性能としては有用性が確認されているが，加工技術に未成熟な面が強く，カーボンナノチューブを用いた開発に当たっては，組み合わせる素材や設備を考慮する事が重要となる。

　これらの要素がクリアできればカーボンナノチューブの持つ安定性，強さ，導電性を生かした高性能な製品を開発できる事が期待できると考えている。

文　　　献

1)　Iijima Sumio, *Nature*, **354**, 56（2011）
2)　中嶋直敏，藤ヶ谷剛彦，第2章　カーボンナノチューブの構造，特性 In カーボンナノチューブ・グラフェン，共立出版（2012）
3)　佐野恵一，MATERIAL STAGE, **9**(3), 36（2009）
4)　佐野正人，MATERIAL STAGE, **9**(3), 20（2009）
5)　遠藤茂寿，丸順子，ケミカルエンジニヤリング，2, 60, 144（2016）

カーボンナノチューブの研究開発と応用

2025 年 2 月 28 日　第 1 刷発行

監　　修	川崎晋司	（T1281）
発 行 者	金森洋平	
発 行 所	株式会社シーエムシー出版	
	東京都千代田区神田錦町 1-17-1	
	電話 03（3293）2065	
	大阪市中央区内平野町 1-3-12	
	電話 06（4794）8234	
	https://www.cmcbooks.co.jp/	
編集担当	山中壱朗／門脇孝子	

〔印刷　尼崎印刷株式会社〕　　　　　　　　　　　Ⓒ S. KAWASAKI, 2025

本書は高額につき，買切商品です。返品はお断りいたします。
落丁・乱丁本はお取替えいたします。

本書の内容の一部あるいは全部を無断で複写（コピー）することは，法律で認められた場合を除き，著作者および出版社の権利の侵害になります。

ISBN978-4-7813-1861-5　C3043　¥55000E